子どもと一緒にふしぎを見つける

科学のなぜ？なに？さんぽ図鑑

監修：本田隆行（科学コミュニケーター）

永岡書店

はじめに

私たちの身の回りは
知らないことばかり。

いろいろな動物に出合って、
花や草木を眺めて、
小さな虫を観察して、
体に起こる変化を感じて、
大きな空を見上げて、
そして散歩の途中の道端で、

「なぜだろう？」「何だろう？」
という疑問がたくさん湧いてきます。

知らないことを知ること、
疑問の答えを見つけることで感じるのは、
知識が増えることの楽しさです。

知識が増えると
新たな疑問が湧いてきます。

「なぜ？ なに？」は
すべての興味の出発点。

知らないより、知っているほうが
毎日がきっと楽しくなるはずです。

の答えを探してみよう

6つのカテゴリーでとりあげています。

第1章
動物
P.17～62

イヌやネコから野生の動物、は虫類や魚、トリについての「なぜ？」「なに？」。

第2章
植物
P.63～102

花、葉っぱ、種、樹木についての「なぜ？」「なに？」。

第3章
昆虫と虫
P.103～148

昆虫や虫の体と生態についての「なぜ？」「なに？」。

散歩で出合う「なぜ？ なに？」

本書では身近にある186の「なぜなに」を

第4章 体
P.149～168

散歩中に体に起こる
「なぜ？」「なに？」。

第5章 空と天気
P.169～214

日々の天気や宇宙まで、
空を見上げて感じる
「なぜ？」「なに？」。

第6章 身の回り
P.215～250

家の近所から
地球規模の自然現象まで、
私たちを取り巻く世界の
「なぜ？」「なに？」。

本書では散歩の途中で出合うことがある「なぜ？」「なに？」を6つのカテゴリーに分けて紹介しています。すべてのページがQ＆A形式になっており、Qで「なぜ？」「なに？」の質問を提示して、その答えを本文Aで簡潔に説明しています。

イヌのなぜなに

第1章

「動物」のなぜ？なに？

Q イヌが散歩中、なんにでもクンクンするのはなぜ？

犬にとって、においをかぐのは好奇心を満たす楽しい行為

A イヌはにおいをかぎ分ける優れた力を持っています。においは鼻の中にあるにおいを感じる細胞で感知されます。イヌはにおいを感じる部分の面積が広く（人の1000倍以上）、細胞の数も多いので、においの種類にもよりますが、においを感じる力（嗅覚）は人の100万倍から1億倍になるといわれています。イヌの嗅覚が優れているのは、進化する過程で、嗅覚を頼りにしたほうが生き残りやすい環境にいたからです。人は外部からの情報の多くを目から得ていますが、イヌはにおいをかぐことで、たくさんの情報を入手しています。

豆ちしき

社会の役に立つイヌの鼻

わずかなにおいをかぎ犯人を追う警察犬や、空港などにいてにおいで麻薬を発見する麻薬探知犬、また災害現場で生きている人を見つける災害救助犬など、鼻のよさを活かしてイヌは人を助けてくれています。

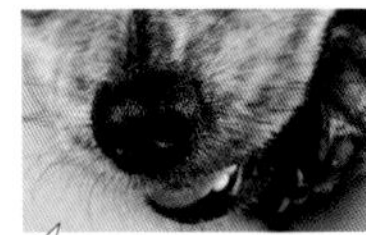

地面に残ったにおいを感知して追跡する

20

私たちの回りにある「なぜ？」「なに？」をカラー写真で紹介します

Q（Question）質問

身の回りで見たこと、感じたことで不思議に思ったことを質問にしています。なぜ？　なに？が基本的な質問形式ですが、そのようになっていないものあります。

メイン写真

質問の内容に沿った、あるいは質問をイメージしやすいようにする写真を選んでいます。

A（Answer）答え

質問に対する答えをできるだけわかりやすくまとめて回答しています。

本書の内容について

本書はさまざまな情報を元に編集部が独自にまとめた回答を掲載しています。誌面に字数制限があるために、複数ある理由のうちのひとつしか記載がなかったり、諸説あるなかの１説しか取り上げていなかったりする場合もあります。読者によっては本書に掲載された解説に対して反対意見を持つ人もいるかもしれません。本書の目的は身の回りにある「なぜ？」「なに？」に関心を持ってもらうことです。それは「科学」に興味を持つことでもあります。この本をきっかけに、子どもたちが「科学」の世界に足を踏み込むようになることが、本書に携わったスタッフの願いです。

豆ちしき　豆ちしき

質問と回答に関連するトピックを「豆ちしき」としてまとめています。補足情報だったり、関連する雑学的な知識だったり、内容はいろいろです。

もくじ

第4章 さんぽで出合う「体」のなぜ？なに？

第5章 さんぽで出合う「空と天気」のなぜ？なに？ 196

散歩の「なぜ？」「なに？」を見つけるうえで気をつけたいこと

自然を大切にする

自然にあるものを、そのままの形で見ることが自然観察の基本です。できるだけあるがままの状態で、観察の対象となる生き物や植物に接するようにしましょう。

採取した生き物や植物には最後まで責任をもつ

生き物や植物を採取して観察したり、飼育したりする場合、最後まで責任をもちましょう。採取した生き物を放す場合、必ず採取した場所で放すようにしましょう。

ルールを守る

立ち入り禁止の場所に入らない、私有地に入るときは許可を得る、採取が禁止されている昆虫や植物をとらない、交通ルールを守る、ごみを捨てない、夜間に月や星を観察するときに大きな声を出さない、など基本的なルールを守り、人に迷惑がかかる行動を慎みましょう。

メモを取る

「なぜ？」「なに？」は散歩していて、ふと思いついたり、感じたりするもの。記録しておかないとすぐに忘れてしまいます。小さなメモ帳を持ち歩いたり、カメラやスマートフォンで写真を撮ったりと、その場で「なぜ？」「なに？」を頭の中にとどめておくのではなく､形として残し、あとで調べるようにしましょう。

本書の記述・表記について

親子で読むことを基本としており、できるだけ平易な表現で、専門用語などはできるだけ使わないように解説をしています。漢字表記については、できるだけ一般的な文字を使用しています。例えば専門書では昆虫のはねは「翅」という漢字を使うことが普通ですが、本書では常用漢字でない「翅」ではなく「羽」を使っています。また読みやすさを考え、漢字にルビをふっていません。限られたスペースで多くのテーマについて解説しているので、説明が不十分と思われることもあるでしょう。そのテーマに興味をもったら、別の本やインターネットなどでさらに調べてみましょう。

第1章
さんぽで出合う「動物」のなぜ？なに？

「動物」を知ることの楽しみ

すぐ身近にいるイヌやネコ、ハトやカラスなどのトリから、街中ではあまり見ることがないヘビやカエルなど、私たちのまわりにはたくさんの動物がいます。ペットの動物は暮らしを楽しくする家族になりますが、野生の動物のなかには人間の生活に害を与えるものもいます。でも、どんな動物も地球に生きる人間の仲間。動物についての知識を増やすことで、いろいろな見方ができるようになります。

いろいろ比べて観察してみよう

動物を観察するときは、いろいろ比べてみましょう。例えばイヌのしっぽ。1匹のイヌではなく、複数のイヌのしっぽを観察してその違いを見る。形や長さなど、イヌの種類によってどのような違いがあるのか。あるいは1匹のイヌを見て、どんな時にどんな動きをするのか。歩いている時と走る時に違いがあるかなど、「イヌのしっぽ」をテーマにするだけで、いろいろなことが見えてきます。新しい「なぜ？」「なに？」が生まれてくるかもしれません。

しっぽに注目するだけで
イヌの観察が楽しくなる

写真を活用しよう

「動く物」が動物。止まっている様子はなかなか観察できないので、写真を撮ってじっくり見てみましょう。散歩をするときにはカメラやスマホを持って、気になることがあったらすぐに写真に撮る習慣を身に着けているといいかもしれません。写真だけでなく、動画を撮っておけば、行動や生態がより詳しく観察できるでしょう。

近づかなくても拡大して
クローズアップしたもの
を確認できる

動物を観察する時に気をつけたいこと

たいていの動物は音や動きにとても敏感です。急に動いたり、大きな音を出したりすると、観察したい動物はすぐに逃げてしまいます。動物の前では「ゆっくり」と「静かに」が基本。人間に慣れているペットでもそれは同じです。またペットのイヌやネコはそれぞれ性格が異なります。家族には慣れているけれど、家族以外の人間には警戒心をむき出しにするものもいるので、不用意に手をだしたり、近づきすぎたりするのはやめましょう。

ネコは特に警戒心が強い動物

新しい動物の「なぜ？」「なに？」を見つけてみよう

足元を注意して見てみると、私たちのまわりにはたくさんので「なぜ？」「なに？」があふれています。散歩に行ったら新しい「なぜ？」「なに？」を見つけてみましょう。

Q これは何？

A ①→タヌキのフン　②→モグラの穴　③→脱皮したヘビの皮　④→カエルの卵

Q イヌが散歩中、なんにでもクンクンするのはなぜ？

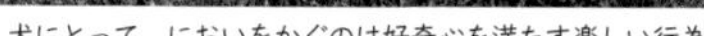
犬にとって、においをかぐのは好奇心を満たす楽しい行為

A イヌはにおいをかぎ分ける優れた力を持っています。においは鼻の中にあるにおいを感じる細胞で感知されます。イヌはにおいを感じる部分の面積が広く（人の40倍程度）、細胞の数も多いので、においの種類にもよりますが、においを感じる力（嗅覚）は人の100万倍から1億倍になるといわれています。イヌの嗅覚が優れているのは、進化する過程で、嗅覚を頼りにしたほうが生き残りやすい環境にいたからです。人は外部からの情報の多くを目から得ていますが、イヌはにおいをかぐことで、たくさんの情報を入手しています。

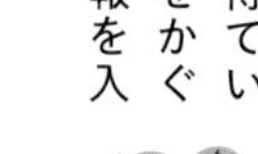

社会の役に立つイヌの鼻

わずかなにおいをかぎ犯人を追う警察犬や、空港などにいてにおいで麻薬を発見する麻薬探知犬、また災害現場で生きている人を見つける災害救助犬など、鼻のよさを活かしてイヌは人を助けてくれています。

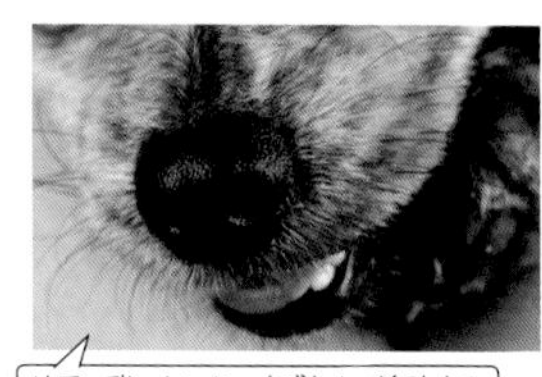
地面に残ったにおいを感知して追跡する

脚を上げておしっこをするのはメスにも見られる

Q なぜイヌは電柱におしっこをかけるの？

A イヌが電柱におしっこをするのは、自分の縄張りを主張するためです。イヌの先祖であるオオカミは群れで暮らし、自分たちの生活範囲である縄張りを守りました。この先祖の縄張り意識がイヌにも強く残っています。イヌが縄張りを主張するためおしっこをする行為がマーキングです。マーキングは1ヵ所だけではなく縄張りの範囲がわかるよう何ヵ所にもします。互いの情報を交換するためにもマーキングを行います。イヌのおしっこには性別やおおよその年齢などの情報も含まれ、伝えることができるといわれています。

豆ちしき

おしっこは高いところに

イヌはできるだけ高い場所におしっこをしようとします。においがより広がりやすくするためでもありますが、体が大きいと思わせることで、ほかのイヌよりも自分の力が強いということを見せつけようとしています。

何ヵ所もするためにちょっとずつ排泄

Q イヌの鼻はなぜ濡れているの?

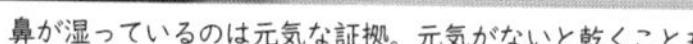
鼻が湿っているのは元気な証拠。元気がないと乾くことも

A イヌの鼻の表面をよく見てみると、小さな溝がたくさんあることがわかります。この溝の中には水分が含まれているため、においの分子をより多く確実にとらえることができます。イヌの鼻が濡れているのは、きゅう覚を鋭くするためなのです。この溝を濡らしている水分の成分の元は涙です。イヌは人と同じように鼻と目が鼻涙管(びるいかん)でつながっています。目の涙腺で分泌された涙は鼻の奥から出ている分泌物と混じり合い、鼻を濡らしています。水分が足りないときは、鼻をなめてしめらせることもあります。

イヌの鼻の形は3タイプ

イヌは❶鼻先の長いシェパード、グレイハウンドなどの「長頭型」、❷柴犬、ビーグルなど中程度の「中頭型」、❸ブルドッグ、ボストンテリアのような鼻ぺちゃの「短頭型」と鼻の形で3つのタイプに分けられます。

短頭型の犬は鼻呼吸が苦手でいびきをかきやすい

体温調節のほか興奮した時、リラックスした時にも舌を出す

Q なぜイヌは暑いと舌を出すの？

A 暑いとき、人は汗をかいて体温を下げます。人の皮膚には汗腺という汗を出す器官があり、汗が蒸発するときに熱が体の外へ出ていきます。イヌにも汗腺はありますが足裏の肉球や鼻の一部にある程度で、体温を下げることはできません。イヌは暑いとき口を開けて呼吸をすることで体温を下げます。舌を出してだ液を蒸発させ熱を体の外へ出し、体温が高くなり過ぎないようにしています。同時に、体から出ていった水分は補う必要があります。イヌも失った水分を補給しなければ熱中症になってしまいます。

豆ちしき

体を濡らして体温調節も

イヌは体を水で濡らして体温を下げることもあります。濡れた体をブルブルッと震わせたとき、水分が蒸発して熱も外へと出ていきます。冷たいフローリングや石の床にお腹をぺたっとつけているのも体温を逃がすためです。

一般的にイヌは人よりも暑さに弱い

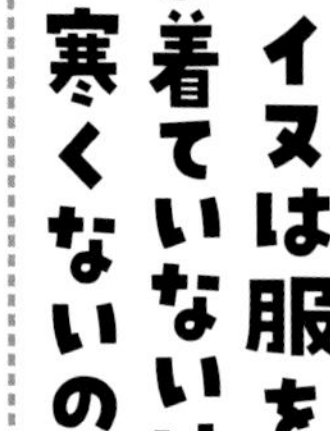

Q イヌは服を着ていないけど寒くないの？

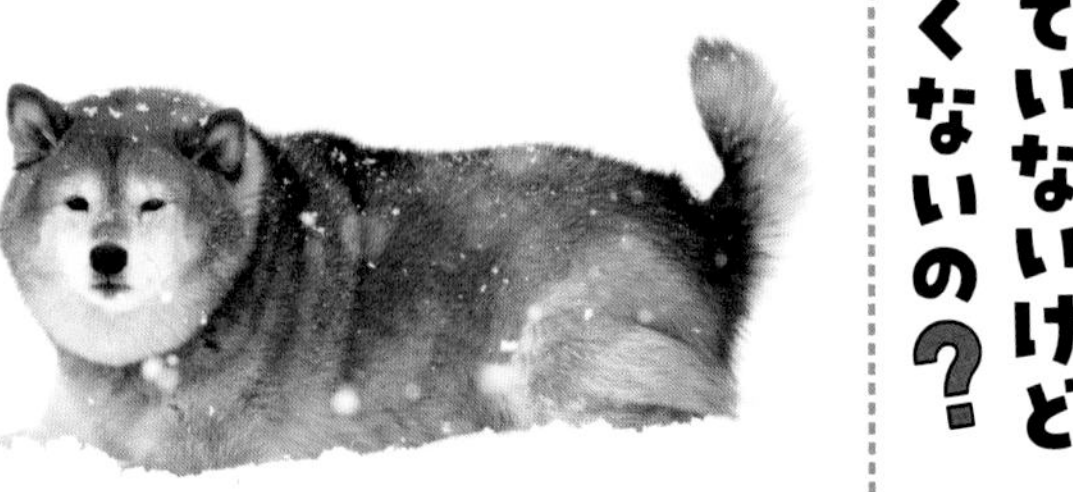

雪国などの寒い地域で生まれたイヌは、寒さに強いことが多い

A イヌの体は毛に覆われています。この毛の役割のひとつが冬の寒さから身を守ること。夏には紫外線が直接皮膚に当たらないよう、日光をさえぎる役割も果たします。イヌの毛には硬くて太く長めのオーバーコート（上毛）と、やわらかくて細く短めのアンダーコート（下毛）の2種類があります。主に防寒の役目をしているのはアンダーコートです。毛の生え方については、この二重の毛で覆われている場合をダブルコート（二重毛）、アンダーコートがなかったり少ない場合をシングルコート（単毛）と呼びます。

豆ちしき 人と一緒になって変化も

本来、イヌはダブルコートですが、人と暮らすことで屋内や小屋で過ごすことが一般的になると、アンダーコートは必ずしも必要ではなくなりました。ただし、寒い地域が原産の犬種の多くはダブルコートとなっています。

ダブルコートのイヌは春と秋に毛が生え替わる

しっぽを見るとイヌの気持ちがよくわかる

Q イヌはどうしてうれしいとしっぽを振るの？

A イヌは体全体、特にしっぽを使ってさまざまな感情を伝えようとします。しっぽが上に向いているときはよろこんでいて明るい気持ちに、下がっているときは不安になったり、おびえたりしていて否定的な気持ちになっていると考えられます。しっぽを大きく左右に振るのは「うれしい」という気持ちのとき。腰が下がり、しっぽを脚の間に隠しているときは「こわい」という気持ちになっています。ただし、同じ動きでも気持ちが違う場合もあるので、イヌの様子をよく見て、その気持ちを考えることが大切です。

バランスを取る役目も

イヌのしっぽは体のバランスを取るという大切な働きもしています。速いスピードで走り続けながらカーブするときなどは、方向転換に合わせてしっぽをうまく使い、速さを保ったままで曲がることが可能となっています。

走っているイヌを観察してみよう

活発だったり神経質だったり性格もさまざま

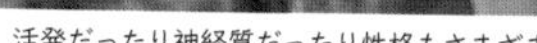

Q なぜイヌにはたくさんの種類がいるの？

A イヌの祖先はオオカミですが、人に馴れたオオカミと人が身近に生活を始めたのは、少なくとも約1万年以上前だと考えられています。古代エジプトでは、すでにグレーハウンドのようなイヌの品種がつくり出されていました。ローマ時代には、現在のようなさまざまな形や大きさのイヌが存在したことが出土した骨や美術作品などからわかっています。現在、世界には700〜800種類のイヌがいるといわれます。人はイヌに生活を助けてもらうため、いろいろな種類のイヌを交配させて新品種を作ってきたのです。

豆ちしき

犬種は10グループに分類

イヌの種類は国際畜犬連盟により、家畜の群れを誘導したり保護する「牧羊犬・牧畜犬」、番犬、警護犬やその他のさまざまな作業をする「使役犬」、かわいがるための「愛玩犬」など全部で10のグループに分けられています。

大きさや形だけでなく性格もいろいろ

犬種グループについて

イヌはペットとして飼われているものだけではなく、盲導犬や警察犬など人の役に立っているものや、牧羊犬や狩猟犬など決まった仕事をするために品種改良されたものもいます。現在、イヌはその形や用途によって、以下の10のグループに分けられています。　（出典＝一般社団法人ジャパンケンネルクラブウェブサイト）

① 牧羊犬・牧畜犬

役割：家畜の群れを誘導・保護する犬

代表的な犬種：ウェルッシュ・コーギー、シェトランド・シープドッグ、ジャーマン・シェパード、ボーダー・コリー

シェトランド・シープドッグ

② 使役犬

役割：番犬、警護、作業をする犬

代表的な犬種：グレート・スイス・マウンテン・ドッグ、スタンダード・シュナウザー、セント・バーナード、ドーベルマン、土佐、バーニーズ・マウンテン・ドッグ、ブルドッグ、ボクサー

セント・バーナード

③ テリア

役割：穴の中に住むキツネなど小型獣用の猟犬

代表的な犬種：アイリッシュ・テリア、ジャック・ラッセル・テリア、ブル・テリア、ヨークシャー・テリア

アイリッシュ・テリア

④ ダックスフンド

役割：地面の穴に住むアナグマやウサギの猟犬

代表的な犬種：ダックスフンド

ダックスフンド

⑤ 原始的な犬・スピッツ

分類：日本犬を含む、スピッツ（尖ったの意）系の犬

代表的な犬種：秋田、アラスカン・マラミュート、紀州、サモエド、柴、シベリアン・ハスキー、スピッツ、ポメラニアン

スピッツ

⑥ 嗅覚ハウンド

役割：大きな吠声と優れた嗅覚で獲物を追う獣猟犬

代表的な犬種：ダルメシアン、バセット・ハウンド、ビーグル

ダルメシアン

⑦ ポインター・セッター

役割：獲物を探し出し、その位置を静かに示す猟犬

代表的な犬種：アイリッシュ・セッター、イングリッシュ・ポインター

アイリッシュ・セッター

⑧ ⑦以外の鳥猟犬

分類：⑦以外の鳥猟犬

代表的な犬種コッカー・スパニエル、ゴールデン・レトリーバー、ラブラドール・レトリーバー

コッカー・スパニエル

⑨ 愛玩犬

役割：家庭犬、伴侶や愛玩目的の犬

代表的な犬種：キャバリア・キング・チャールズ・スパニエル、シー・ズー、チワワ、狆、パグ、パピヨン、フレンチ・ブルドッグ、マルチーズ

チワワ

⑩ 視覚ハウンド

役割：優れた視力と走力で獲物を追跡捕獲する犬

代表的な犬種：アフガン・ハウンド、イタリアン・グレーハウンド、サルーキ

イタリアン・グレーハウンド

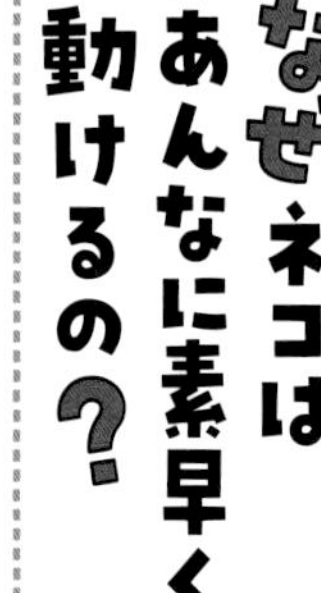

Q なぜネコはあんなに素早く動けるの？

待ち伏せして狩りをするため瞬発力が必要

A ネコは人よりも圧倒的に高い運動能力を持っています。たとえば、ネコは体長の約5倍の高さの1.5ｍから2ｍは簡単にジャンプすることができます。これを人の場合にあてはめると、7ｍから8ｍの高さを飛ぶことになるので、ネコがどれほどすごいかがわかります。長い距離を走ることはできませんが、一瞬で速いスピードで走る能力も備えています。ある研究によると、そのスピードは時速約48㎞といわれます。人の場合は最速で時速約45㎞とされますので、スピードでもネコは人より優れています。

ネコは体もやわらかい

高い柔軟性を持っているのもネコの特徴のひとつです。内臓も動きやすくなっているため、とてもしなやかに体を動かすことができます。背中から落ちたネコがきちんと着地できるのも、高い運動能力と体のやわらかさのためです。

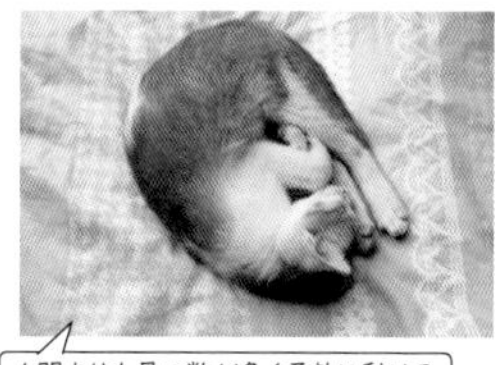

人間よりも骨の数が多く柔軟に動ける

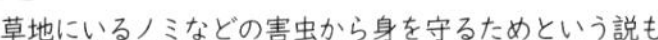
草地にいるノミなどの害虫から身を守るためという説も

なぜネコは塀の上を歩けるの？

A ネコは塀の上などの狭いところをよく歩いています。このような場所をネコが平気で歩けるのは、バランス感覚に優れているためです。最も大切なのは長いしっぽ。倒れそうになるとしっぽを逆の方向に振ってバランスを保ちます。足の裏の肉球もクッションの役割や滑り止めの役目をしていて、不安定な場所でも足の裏を密着させてバランスを崩さず歩けるようになっています。またネコは、首のつけ根にある鎖骨が筋肉だけでつながっていて、体の幅を狭くすることができ、狭い場所でも問題なく歩くことができます。

豆ちしき

ネコは高いところが好き

獲物を見つけやすく、敵から身を守ることができる高いところをネコは好みます。これは野生で暮らしていた先祖からの習性だともいわれています。自分が偉いことを示すため、相手より高い場所にいることもあります。

まさに上から目線のネコ

Q なぜネコの眼は暗闇で光るの？

夜行性なので強い光が苦手。薄暗い場所の方が活発に動ける

A ネコは夜に活動する夜行性の動物です。夜に獲物をとったりするため、少しでも光を眼に取り入れて、まわりを見られるように進化してきました。体の大きさに比べて大きな眼をしているのもそのためです。眼の構造も人とは違っています。ネコの眼には、光を反射する性質の組織の層があります。この層はわずかな光でも反射板のようにはねかえし、光を増幅させるので暗闇でも眼が見えるようになります。暗闇でネコの眼が光るのは、わずかな光が眼の中の反射板に当たり、反射しているためです。

豆ちしき

明るさで変わる瞳の形

暗いところでは、ネコは人よりも約６倍もものをよく見ることができます。ネコの瞳は眼に入る光の量を調整していて、暗いときにはまん丸になり光をたくさん取り入れ、明るいときには細くなり余分な光を入れないようにしています。

色はほとんど識別できない

Q ネコはどうして爪を出し入れするの?

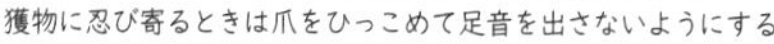
獲物に忍び寄るときは爪をひっこめて足音を出さないようにする

A ネコは獲物を襲うときや木に登るときなどは爪を出しますが、ふだん使わないときは隠しています。ネコは自分の思いどおりに爪を出したり、ひっこめたりすることができます。ネコの爪は先が尖っていて、木をがっしりととらえたり、獲物を捕まえたりすることができます。ネコの爪は内側が新しく、外側は古いものとなっています。ネコは木や壁などをひっかく爪とぎをよくしますが、実際はといでいるのではなく、玉ねぎを外側からむくように古い爪をはがして、先が尖った新しい爪にしています。

爪とぎで縄張りも主張

ネコの爪は前足に５本、後ろ足に4本ついています。爪とぎでは、古い爪をはがすだけではなく、肉球からにおいのある分泌物を出して自分の縄張りもアピールしています。その点でも、爪とぎは大切な行為だといえます。

できるだけ高い位置でといでアピール

Q なぜネコは自分の体をペロペロ舐めるの？

起きている時間の約３割を毛づくろいに費やすともいわれる

A ネコが自分の体を舌でなめる行動は毛づくろいと呼ばれます。ネコが毛づくろいをするのは体をきれいにするためです。ネコの舌はザラザラしています。えさを食べるときに役立ちますが、毛づくろいのときにも、毛並みを整えたり、抜け毛を取り除くなどブラシの役目をしています。顔や頭など直接舐められないところは、前足を舐めてだ液をつけ、顔や頭をこすってきれいにしています。毛づくろいには体を冷やす効果もあります。体を舐め、だ液の水分が蒸発するときに熱も逃げていくため体温が下がります。

豆ちしき 毛づくろいは食後が多い

ネコはほかの動物に比べてとてもきれい好きな動物で頻繁に毛づくろいをしますが、毛づくろいの多くは食後に行われます。口や前足の汚れを取るためですが、食べた獲物のにおいを消すための行為とも考えられています。

ペロペロは狩りをしていた頃の習性

遊びは室内飼育のネコの運動不足解消法

Q なぜネコはネコじゃらしが好きなの？

A ネコはもともと単独で行動し狩りをする動物でした。野生の頃に備わった狩猟本能は今でも残っています。動いている獲物に攻撃をしかけるのは、ネコが生まれたときから身につけている狩猟本能だといえます。ネコじゃらしは遊びですが、ネコは狩りをしているつもりになっています。ネコじゃらしは、ネコにとってネズミやヘビだったり、トリや昆虫のように飛ぶ獲物だったりしているわけです。そのため、ネコじゃらしも本物の獲物のように突然動かしたり、止めたりすると、ネコは懸命に飛びついてきます。

豆ちしき

気分が盛り上がる時間

ネコは獲物の小動物や昆虫が活発に動く朝早くと夕方に狩りをしたがります。ネコじゃらしで遊ぶときも時間帯を合わせてみるといいかもしれません。最後には爪でつかまえさせて仕留めてもらい、満足してもらうようにします。

単純な動きではすぐに飽きてしまう

Q なぜイエネズミは嫌われるの?

歩くときは壁際や物陰。広い場所を横切ることはめったにない

A 日本でイエネズミといえば、人の生活の場にすむ、ドブネズミ、クマネズミ、ハツカネズミの3種類のネズミのことです。ドブネズミは下水道や台所にいて、湿気の多い場所を好み、家の中では配水管や床下を移動します。クマネズミは屋根裏や天井裏にすみつきます。ハツカネズミはイエネズミの中では一番小さいものです。昔はドブネズミが目立ちましたが、都市化が進むにつれ、クマネズミが多くなっています。イエネズミが嫌われる理由は、人にも感染する病原体を持っているからです。

ネズミが持つ病原体は

イエネズミは数多くの病原体を持っています。腹痛や下痢、嘔吐など食中毒を起こすサルモネラ菌もそのひとつ。ネズミのいない衛生的な環境を作ることが大切です。ただし、駆除は難しいので専門の業者に依頼するのが確実です。

フンは素手で触らないように

屋根裏に侵入して天井をボロボロにしてしまうものもいる

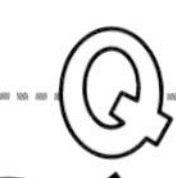

近所で見かけたネコみたいなこの動物はなに？

それはハクビシンです。ジャコウネコ科の動物で、ネコのような体つきをしていますが鼻筋が長く、タヌキにも似ています。額から鼻にかけて白い筋があるのが特徴です。ハクビシンは江戸時代から明治時代に外国から日本にやってきた外来生物だとされています。もともと日本にいなかった動物であるわけですが、繁殖力が強く、現在は沖縄を除くほぼ全国に分布しています。ハクビシンは畑やゴミ捨て場を荒らしたり、住宅にすみついたりして問題となっています。ハクビシンのほかにもたくさんの外来生物が存在します。

特定外来生物は156種類

日本の生物の生態系を壊す外来生物に対しては、法律で駆除するなどの規制がされています。環境省はそれらを特定外来生物としてリストを作成しています。令和３年８月現在、その数は全部で156種類となっています。

かみつくカメもいるので要注意

Q 夕方に飛んでいるトリみたいなの、なに？

日本には 30 種以上のコウモリがすんでいる

A トリでないのに夕方空を飛んでいるのは夜行性のコウモリです。コウモリは人と同じ哺乳類です。体には羽毛ではなくて毛が生えていますし、卵を産むのではなく赤ちゃんを産みます。空を自在に飛べる哺乳類はコウモリだけです。コウモリはさかさまにぶら下がっているイメージがあるのではないでしょうか。空を飛ぶコウモリは骨を細く軽くしたため、脚で体を支えることが難しくなり、逆さにぶら下がるようになりました。洞窟にいる印象があるかもしれませんが、木や建物の陰に棲む種類もいます。

超音波を出すコウモリ

コウモリは超音波を使うことでも知られています。超音波は高すぎて人には聞こえない音のこと。超音波のはね返り方でまわりの様子やえさのありかなどを探っています。ただし、目が見えないわけではありません。

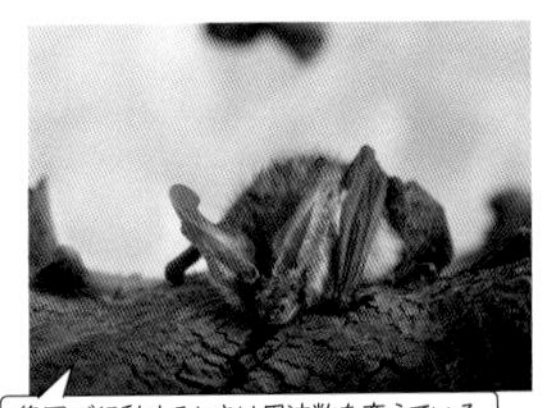

集団で行動するときは周波数を変えている

とても臆病で小さな音でも気絶することがある

Q なぜタヌキは昼間見かけないの？

A タヌキは夜行性の動物です。行動を始めるのは日没の約1時間前からなので、昼間その姿を見ることはほとんどありません。タヌキは山や郊外の住宅地など広い地域に生息しています。夕方、ねぐらから外に出たタヌキは、明け方までえさを探して歩きまわっています。タヌキは雑食性でカキ、ナシなどの果実などのほかに昆虫やカエル、ネズミ、小魚などの動物も食べます。ふつうは3～5頭のグループで行動しますが、1頭で行動することもあります。また数家族が一緒になって集団行動する場合もあります。

豆ちしき

子ダヌキは昼間にも

タヌキは春に４～６頭の子どもを出産します。子どもは生後10ヵ月ほどで親ダヌキとほぼ同じ大きさになります。幼いころのタヌキは夜行性の習性がまだ身についていないため、昼間にねぐらを出て行動することがあります。

側溝をねぐらにすることが多い

Q シカが迷惑な動物になっているのはなぜ?

動物による森林被害の約7割がシカによるもの

A かわいらしいイメージのあるシカですが、近年、日本各地でさまざまな被害をもたらしています。シカは草食動物で、あらゆる種類の植物を食べます。農家の畑に入って、穀物、野菜や果物を食べてしまい、その被害は深刻になっています。森林では木の樹皮をはぎ取って食べるため、木がそのまま枯れてしまうという問題も発生しています。シカによる問題が大きくなっているのは、シカが増え過ぎてしまったためです。天敵だったニホンオオカミはいなくなり、シカを捕獲するハンターも高齢化などで減っています。

豆ちしき

温暖化も原因のひとつに

シカが増えたのは、温暖化で雪が減ったことも原因のひとつとされます。冬は食べ物がなくて死ぬシカも多くいましたが、雪が少ないとえさを食べるのに苦労することがなくなり、結果としてシカの生存率が上がっています。

オオカミなどの天敵が少ないのも理由

日本にいる害獣となり得る動物

シカのように人間の生活に害をおよぼす動物を害獣（がいじゅう）と呼びます。P.34のイエネズミやP.35のハクビシンのほか、P.37のタヌキも街中にいるものは害獣です。開発によって住む場所を失った野生動物のほかに、外国から持ち込まれた動物が逃げ出して自然で繁殖したものもいます。

イノシシ

シカに次いで農作物被害額の多い動物です。警戒心が強く臆病な動物ですが、大人のオスのイノシシは鋭い牙があって、体も大きく、また足も速いのでとても危険です。

クマ

日本に住むクマは2種類。北海道のヒグマと本州と四国のツキノワグマです。雑食動物で、農作物だけでなく家畜も被害にあっており、時に人間が襲われることもあります。

アライグマ

もともと外国からペットとして持ち込まれたものが野生化した特定外来生物。雑食なので農作物だけでなく、養殖魚の被害も。かわいいイメージですが気性は荒く、鋭い爪を持っています。

ニホンザル

群れで行動しているので、農作物に大きな被害をもたらします。学習能力が高く、人にも慣れるので畑に入り込むだけでなく、時には家のなかに入って食べ物を盗むこともあります。

Q ヘビは脚がないのに、なぜ移動できるの？

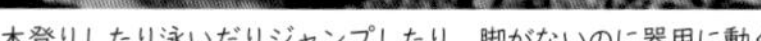
木登りしたり泳いだりジャンプしたり、脚がないのに器用に動く

A ヘビは体をくねらせながら、お腹のうろこを使って移動します。ヘビは肩や腰の骨がなく、頭以外はほとんど背骨です。骨は細かくわかれているので、体全体をしなやかに動かすことができます。体はうろこで覆われています。背中には細かいうろこがあり、お腹には幅が広い大きなうろこがあります。このお腹のうろこの端を地面にひっかけて、ヘビは前に進みます。ヘビはいろいろな場所にすんでいますが、砂漠にいるヘビには横向きに移動する種類もいます。やわらかい砂地では、こちらの方が進みやすいようです。

豆ちしき

は虫類の歩き方

ヘビはワニやトカゲと同じは虫類の仲間です。ヘビ以外のは虫類には足がありますが、足が体の横に出ているため、体を支える力がありません。そのため、ヘビと同じように体をくねらせながら歩きます。

急ぐときは胴体をくねらせ素早く動く

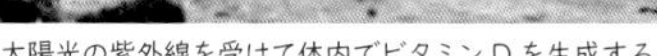
太陽光の紫外線を受けて体内でビタミンＤを生成する

Q なぜカメは甲羅干しをするの？

A カメが水から上がって甲羅干しをしている姿はよく見かけますが、これは体温を上昇させるために行っています。動物には、自力で体温を保つことができる恒温動物と周囲の温度によって体温が変化する変温動物がいます。人などの哺乳類や鳥類は恒温動物、は虫類、両生類や魚類は変温動物です。カメはは虫類なので変温動物。体温を上げ活発に動けるように甲羅干しは欠かせません。また、太陽の光に当たり、寄生虫から身を守ったり、体内でビタミンＤを合成したり、カビがつかないようにもしています。

豆ちしき

カメの適温は25～30度

人の体温は36度前後が平熱とされますが、カメを飼う場所は25～30度が適温とされます。甲羅干しといいますが、お腹や足なども含めた全身を乾燥させることが大切です。強い日光を浴びすぎるとカメも熱中症になります。

足も伸ばして体全体を甲羅干し

Q イモリとヤモリって何が違うの？

イモリ（左）は泳ぐのが得意でヤモリ（右）は壁のぼりが得意

A イモリとヤモリは名前も見た目も似ているためよく間違えられます。しかし、イモリは両生類、ヤモリはは虫類です。両生類は水から離れて生活できませんが、は虫類は水から離れて生活することができます。両生類の子ども時代はえらで、おとなになると肺呼吸と皮膚呼吸をします。皮膚呼吸では水分も皮膚から蒸発するため、水分がなくならないように水辺にいなければなりません。は虫類は体が乾燥しないように硬い皮膚を持つことで水から離れることができました。皮膚呼吸はせず肺呼吸をします。

豆ちしき

トカゲは？カエルは？

両生類にはカエルもいます。体にうろこがなく、卵は殻がなくてゼリー状になっているのも大きな特徴となっています。トカゲやカメはは虫類で、例外は見られますが、体にうろこがあり、卵には殻があります。

卵のサイズや形も大きく異なる

初夏の田んぼや沼地でいっせいに鳴き出す

Q カエルが暗くなってから鳴くのはなぜ?

A カエルで鳴くのは基本的にオスだけです。オスはメスを惹きつけるために鳴いています。昼の明るいときに鳴くと、カラスなどの敵に見つかりやすいため、暗くなってから鳴くようになったと考えられています。カエルが一斉に何匹も鳴くのは1匹だけが鳴くと敵に見つかりやすいためだといわれています。一斉に鳴けば、敵はどこにカエルがいるのかわかりにくくなります。一斉に鳴いているカエルがピタリと一斉に鳴き止むのは、敵が現れたときです。一斉に鳴きやむことで、居場所をわかりにくくしています。

日本のカエルは40種類以上

日本国内には40種類以上のカエルがいます。オスののどには袋状の器官があり、ここをふくらませて鳴きます。「クワックワッ」と鳴くアマガエルをはじめ、トノサマガエル、ヒキガエルなど鳴き声でその種類を知ることができます。

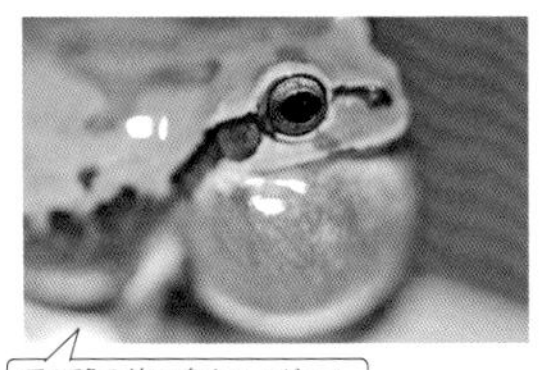
雨が降る前に鳴くアマガエル

Q なぜサカナは口をパクパクしているの？

エラのさいはという器官で吸い込んだ水と固形物をろ過する

A サカナは肺ではなくエラで呼吸をしています。口をパクパクして水をエラに通し、水中の酸素を取り込んでいます。水の中にも少しだけですが酸素が溶け込んでいます。エラには細かいひだが並び、毛細血管が張り巡らされています。水が通過したときにこの血管から水中の酸素を取り込み、血液中の二酸化炭素を水中に出しています。水中の少ない酸素を取り入れるために、サカナはたくさんの水をエラに流しています。イワシやマグロのように、泳ぎ続けることで水をエラに通している回遊魚と呼ばれるサカナもいます。

金魚は水面で呼吸？

金魚が水面から口を出すようにしてパクパクしている光景を見かけます。これは空気中の酸素を吸おうとしているのではありません。水面近くの水は豊富に酸素を含んでいるので、その水を取り込もうとしているのです。

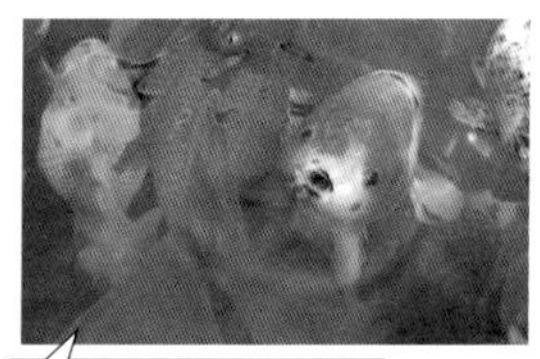
水中の酸素が不足している状態

水槽内の底砂周辺でじっと休息しているドジョウ

Q サカナって眠らないの？

A ほとんどのサカナにはまぶたがないので、人のように目を閉じて眠っているわけではありませんが、いろいろな方法で眠ります。砂底などに生息しているベラの仲間は、夜になると体を横にして砂の中にもぐって眠り、朝になると目を覚まして活動し始めます。ドジョウなども泥の上でじっとしたり、泥の中にもぐりこんで眠ります。映画でも有名になったクマノミは、イソギンチャクなどの中に隠れて眠ります。ウナギやナマズ、カレイなどは昼間に砂にもぐって眠っています。昼に眠るサカナもたくさんいます。

おもしろい眠り方も

カワハギは海藻などをくわえて流されないようにして眠ります。アイゴの仲間は敵から見つからないように体の色を薄く変化させて眠ります。回遊魚と呼ばれるマグロやカツオ、イワシの仲間などは、泳ぎ続けながら眠ります。

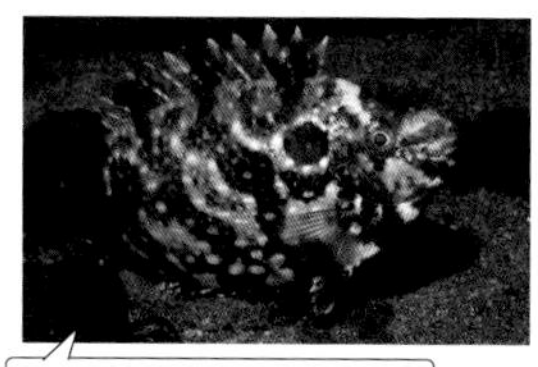

忍者のように姿を目立たせなくする

Q トリはなぜ飛べるの？

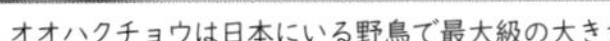
オオハクチョウは日本にいる野鳥で最大級の大きさ

A トリは前足が翼に変化し、骨が軽くなることで、空を飛べるように進化してきました。骨の多くは中が空っぽで軽いのですが丈夫にできています。翼を動かすために、胸の筋肉は大きく発達しています。心臓などの重い内臓は胸のあたりに集まっていて、飛ぶときはバランスが保ちやすくなっています。体全体は空気の抵抗を受けにくい流線型です。翼はトリの種類によってさまざまですが、一般的に長距離を飛ぶトリの翼は長く、森の中など障害物が多い場所に棲むトリの翼は短くなっています。

豆ちしき

効率的な飛び方も

トリによって羽ばたき方はそれぞれ違います。飛ぶためにはエネルギーが必要なので、楽に飛ぶために風の力を利用してグライダーのように滑空したり、上昇気流に乗ることで空高くまで飛ぶトリもいます。

上昇気流に乗って旋回するトンビ

トリの飛び方

私たちの回りにはたくさんのトリがいますが、飛び方は種類によってだいぶ異なります。大きく分けてふたつの飛び方があり、ひとつは翼を上下に動かして飛ぶ「羽ばたき飛行」で、もうひとつは翼を広げたままで飛ぶ「滑空」です。日本で見られるトリたちが、どんな飛び方をするのか見てみましょう。

羽ばたき飛行

ハトやカラス、スズメなど身近で見られるトリの多くがこの飛び方をしています。羽ばたき飛行にも2種類あり、ひとつは飛んでいる間中ずっと翼を動かし続けてまっすぐ飛ぶ「直線飛行」。もうひとつは羽ばたきで上昇し翼をたたんで休む間に下降する動きが波状に見える「波状飛行」です。

滑空

羽ばたきをせず、空中を滑るように飛ぶ飛び方です。高いところからだんだん低いところに下りていくので、ときどき羽ばたいて高いところに上っていきます。高いところに上るときに、羽ばたきをせずに上昇気流を利用するトリもいます。

滞空飛行

カワセミは、昆虫のように高速で翼を動かすことで空中に留まっていることができます。日本にはいませんが、北米や南米にいるハチドリも滞空飛行をします。

トリのなぜなに

Q トリはどこで寝ているの?

危険を避けるため木の上や竹藪をねぐらにするトリが多い

A トリの多くはねぐらで寝ています。トリの場合、ねぐらと巣は違っています。ねぐらは眠るための場所で、巣は卵を産みヒナを育てる場所です。ねぐらは雨や風から身を守り、敵からも見つかりにくいようにしているため、人がトリのねぐらを見つけるのは簡単ではありません。くちばしを羽の下に入れて眠るトリもよく見られます。くちばしには羽毛がないため熱が逃げやすいので、羽の中に入れることで、体温を奪われにくくしているわけです。トリには、長距離を飛び続けることができるトリもいます。

片目を開けて眠ることも

両目を閉じずに片目を開けたまま眠るトリもいます。これは脳の半分が眠り、残りの半分が起きている状態の「半球睡眠」を行っています。こうすることで、敵が来たときは素早く逃げることができるようにしています。

片目を閉じて浅い睡眠を繰り返すインコ

越冬地でくつろぐナベヅル。繁殖地のシベリアから飛来してくる

Q 渡り鳥はなぜいつも同じところに帰ってくるの?

A トリの中には、繁殖する場所と冬を越す場所を移動する渡り鳥がいます。移動する理由はエサの豊富な場所を求めているためと考えられています。渡り鳥は南北を移動します。春に南から日本へ渡ってくるトリは夏鳥、秋に北から日本へ渡ってくるトリは冬鳥と呼びます。渡り鳥は方向を間違えずに、いつも同じ目的地へとたどり着くことができます。夜に飛ぶ渡り鳥は星の位置、昼に飛ぶ渡り鳥は太陽の位置から方角を確認しています。また体内に方位磁針があり、地球の磁気を感じとっていることも知られています。

多くの渡り鳥は夜に

気温が低いため空気の流れが安定して飛びやすく、敵も少ないため、多くの渡り鳥は夜に飛びます。ツルのような大型の渡り鳥は、太陽熱によって起こる上昇気流を利用して、効率よく飛ぶことができる昼間に渡ります。

夕方に飛び立つ姿を目にする

Q トリが群れを作って飛ぶのはなぜ？

逆V字型の編隊を組むハクガン。ほかのトリが混ざることもある

A 渡り鳥のハクチョウやガンは逆V字型の編隊を組んで飛びます。先頭を飛ぶトリを追うように、左右にトリが広がって飛んでいく形ですが、前を飛ぶトリのおかげで後ろのトリは空気抵抗が少なくなり、10％以上もエネルギーを節約できるといわれています。前後の順番を変えていくことで、トリは体力を保つようにしています。渡り鳥でない場合も、トリは群れを作ることがあります。違う種類のトリが混ざった群れも見られます。その理由は効率よくエサを見つけたり、敵を避けるためだと考えられています。

大群となるムクドリ

身近なトリで群れを作る種類ではムクドリが知られています。その群れは大群で、ときには１万羽を超えることがあるといわれます。一斉に動く姿は圧巻ですが、なぜ大群となるのかなど謎が多く残されています。

ムクドリの大群が空を覆いつくす

なぜツバメは人の住んでいるところに巣を作るの？

民家の軒先に巣作りするツバメは子育てが終わると去っていく

A 日本ではツバメ、イワツバメ、コシアカツバメ、ショウドウツバメ、リュウキュウツバメの5種類のツバメの仲間が見られます。基本的には夏鳥で、インドネシアなど東南アジアから春に日本へ渡ってきます。日本各地にやってきたツバメは、民家の軒先やビルなどに巣を作ります。人の近くに巣を作れば、ヘビやカラスなどの敵が近づいてこないため、人の住んでいるところに巣を作るようになったと考えられています。人にとっても、畑などの害虫を食べてくれるツバメはありがたい存在で、昔から大切にしてきました。

豆ちしき

尾の長いオスがもてる

ツバメの尾の羽は長く2つに分かれています。尾羽の長いオスは短いオスよりメスに人気があります。尾が長かったり、羽の色が濃かったりなど、生物として強そうに見える特徴がメスを惹きつけるのではないかといわれています。

尾羽の長いコシアカツバメのオス

トリのなぜなに

Q 地面によくついている白いもの、なあに？

トリのフンは雑菌だらけ。清掃時はゴム手袋とマスクをしよう

A それはトリのフンです。厳密には灰色の部分がフンで、白い部分は尿です。トリはフンと尿を一緒の穴から体外に出します。フンとは食べ物が消化管を通り、栄養分が吸収されたあとの残りかす。尿とは消化管で吸収されたものが、体の中で使われたあとの老廃物です。トリは飛ぶために体を軽くする必要があります。哺乳類は老廃物を水に溶かして体の外へ出しますが、トリは白いかたまりにして排出します。哺乳類は老廃物を溶かす多くの水分が必要ですが、トリには不要です。こうして少しでも体重を軽くしています。

豆ちしき

トリのフンが化粧品に

小じわとりや美白効果があるとして、日本では昔からウグイスのフンを化粧品にしていました。飼育されたウグイスのフンを殺菌・乾燥させたものを水に溶いてペースト状にしたものを使います。

昔の人の知恵が今に伝わる

オウム（左）とインコ（右）。町中には猛禽類がいないので繁殖しやすい

Q 近所できれいなトリを見かけたよ。あのトリは何？

A それは野生化したインコやオウムだと考えられます。もともとはペットでしたが、逃げたり、飼い主が放したりしたために野生化したインコやオウムは大繁殖していて、2000羽近くの大群が確認されたこともあります。インコはカラフルです。オウムは色の派手なものや地味なもの、頭に飾りのついたものなどいろいろいます。ペットのときはかわいいインコやオウムも野生化して群れになると怖い存在となります。鳴き声が大きくて人の迷惑になったり、感染症をもっている可能性もあり危険な存在となっています。

カラスとの縄張り争いも

大繁殖したインコやオウムは、安全に暮らすことができる都会の中の緑豊かな場所を好みます。これはカラスのねぐらと重なっているため、インコやオウムとカラスが縄張りを争って戦う場面も見られるようになっています。

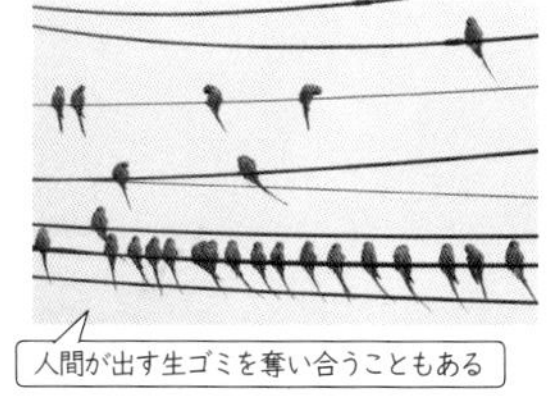

人間が出す生ゴミを奪い合うこともある

Q カラスはなぜいつも鳴いているの?

大きな声を出しているのは何かに興奮しているから

A カラスは人のように会話はできませんが、鳴くことで仲間とコミュニケーションを取っています。最近の研究では、その意味もわかるようになってきました。「アー」と優しく鳴くときはあいさつをしています。「アーアーアー」という長めの鳴き声は「わたしはここにいるよ」という意味。「アッ、アッ、アッ」と短い鳴き声を繰り返すときはエサを見つけたときです。春、子ガラスが巣立つ季節に、親ガラスが子ガラスに「アッ、アッ、アッ」と短く強く鳴いたときは「人がいる。気をつけろ」と注意しています。

豆ちしき

「ガー、ガー」には注意

子ガラスの巣立ちの季節は人も注意が必要です。子ガラスに近づく人に対し「それ以上近づくな」と警告するとき、親ガラスは「ガー、ガー」と長めの濁った低い鳴き声で威嚇します。無視するとカラスに襲われてしまいます。

「ガーガー」が聞こえたら逃げろ!

街路樹や電柱で巣作りするカラス。冬場は緑地をねぐらにする

Q なぜカラスは都会にたくさんいるの？

A カラスは昔から人のすぐ近くで生きてきました。人の生活圏にいれば敵から襲われることも少なく、えさの面でも農作物や人が捨てた食材や食べ残しを食べればよいので楽です。カラスはなんでも食べる雑食性のトリなので、人の近くは恵まれた環境となっています。また、カラスは非常に頭のいいトリです。ゴミの中からえさを見つけるだけでなく、巣作りの道具を見つけたり、車にクルミをひかせて中身を食べたりもします。ただし、カラスはゴミ収集所を荒らしたりもするので問題になっています。

豆ちしき

進んできた共存関係

2000 年前後、東京には 4 万羽近くのカラスが棲み、ゴミ荒らしなども問題となっていましたが、ゴミの出し方の変更などにより、20 年後の現在ではカラスの生息数が 3 分の 1 に減少して、ゴミの問題も大幅に改善されています。

ネズミの死骸や害虫を食べて役にたつことも

地面にいるイメージがあるがほとんどの時間は高い所にいる

トリのなぜなに

Q なぜ都会の公園にたくさんのハトをみかけるの？

A よく見られるハトは正式にはカワラバトと呼ばれます。ハトは古代エジプトの時代から伝書鳩として利用されていました。もともと地中海沿岸にいたトリで、日本にやってきた時期ははっきりしていませんが飛鳥時代ともいわれています。日本でも江戸時代から伝書鳩として利用されていたようです。人にとって身近な存在だったハトが、公園に集まっているのは、まずエサがもらえるから。ハトにエサをやる人の姿はよく見かけると思います。またオスがメスに求愛するのも公園にハトが集まる理由のひとつです。

ドバトという呼び方も

ハトはドバトとも呼ばれます。お寺のお堂にいたから堂鳩と呼ばれたのではと考えられています。土鳩という言葉は江戸時代に登場したようです。現在は、カワラバトを飼育改良したものをドバトと呼んでいます。

個体によって色や模様がさまざま

Q ハトが歩くとき首を動かすのはなぜ？

実は身体が動いていて首は止まっている

A ハトは首を動かして歩いているように見えますが、実は頭を固定させて歩いています。首を伸ばして頭を前に固定させ、その状態を保ったまま体を引き寄せて前に進めます。人は歩きながらでも、目玉をきょろきょろさせて周りの風景を見ることができます。しかし、ハトは目玉を動かすことができません。さらに、目が頭の横に位置しているため、目に入る景色はどんどん後ろへ流れてしまい、ブレて見えにくくなっています。景色をブレることなくはっきりと見るために、ハトは頭を固定させています。

豆ちしき

はっきりと見たいものは

ハトがはっきりと見たいものは、足元にいる虫などのエサです。地面を歩いているハトは、ほとんどの時間、食べるものを探しています。ときどき地面をつつくハトを見かけますが、このときハトはエサをとっています。

消化を助けるためにわざと小石を飲み込むことも

飛べないけれど速く走るために脚の筋力は強い

Q なぜニワトリは飛べないの？

A ウシやブタは、人が野生動物を飼いならして、家畜にしたものです。トリも同じように飼いならしてきましたが、そのようなトリを家禽（かきん）といいます。ニワトリは８０００年前にはすでに家禽となっていたようです。ニワトリはえさももらえますし、敵からも守られます。そのため、飛ぶ必要がなくなってしまいました。じゅうぶんなえさを食べて太りすぎになっているのも飛べない理由のひとつです。ニワトリにも飛ぶ力は少し残っているので、太り過ぎでなければ屋根くらいまでは飛ぶことができます。

先祖も飛ぶのは不得意

ニワトリの先祖は、東南アジアの森に棲んでいるセキショクヤケイだと考えられています。このトリの肉や卵がおいしかったため、家禽とされニワトリになりました。セキショクヤケイも飛ぶのは得意ではなかったようです。

必要なときしか飛ばなかったらしい

世界の飛べないトリ

家畜であるアヒルもほとんど飛ぶことができません。野生でもキジやシチメンチョウのようにほとんど飛ぶことがないトリもいます。ただこれらのトリはニワトリと同じで少しは飛ぶ力が残っていますが、野生の世界ではまったく飛ぶことができないトリが存在しています。

ダチョウ

飛べないトリの代表がアフリカに住むダチョウです。地球上のトリで最も大きな体をもっていますが、羽が退化して飛ぶことはできません。そのかわり力強い足で 70km/h で走ることができます。地球上で最も早く走れるトリです。

ペンギン

こちらも飛べないトリの代表です。おもに南極とその周辺の冷たい海で暮らすトリで、飛ぶことはまったくできませんが泳ぐのは得意です。最も速いジェンツーペンギンは 35km/h で海の中を飛ぶように泳ぐことができます。

エミュー

オーストラリアに暮らすダチョウに次いで世界で 2 番目に大きなトリです。そしてダチョウと同じく走るのが速く、50km/h で走ることができます。おとなしい性格で人にも慣れやすいので日本でもたくさん飼育されています。

キウイ

ニュージーランドに住むニワトリぐらいの大きさのトリ。キウイフルーツのような丸い体で細長いくちばしをもっています。夜行性で昼間は森の中で休み、暗くなると長いくちばしで地面にいる昆虫やミミズなどを食べます。

ヤンバルクイナ

沖縄本島の北部、ヤンバルの森に住むトリ。仲間であるクイナは水辺に住む飛ぶことができるトリですが、ヤンバルクイナは、飛ぶ能力を失っています。ただ木登りは得意で、夜はヘビなどを避けるために木の上で休みます。

冬の前に木の実や草など何でも食べて脂肪を蓄える

トリのなぜなに

Q 冬になるとスズメが大きく見えるのはなぜ?

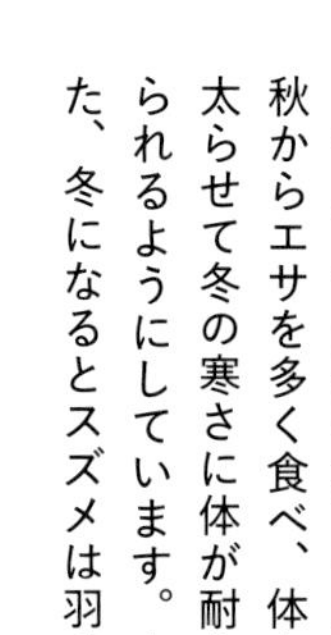

A スズメは寒い冬を乗り越えるため、いろいろな準備をしています。体が大きく見えるのはそのためです。まず、冬に備えて体に脂肪を蓄えます。秋からエサを多く食べ、体を太らせて冬の寒さに体が耐えられるようにしています。また、冬になるとスズメは羽毛を逆立てます。逆立てた羽毛の間に空気をたくさん取り込んで体温で温め、冷たい外の空気を遮断するようにしています。これは人が寒さを防ぐためダウンコートを着るのと同じです。寒さが厳しいときには、何羽かで身を寄せ合い寒さをしのぐこともあります。

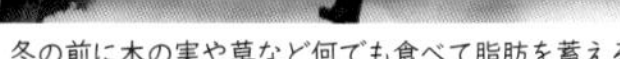

豆ちしき 少なくなってきたスズメ

最近、スズメの姿はあまり見かけなくなってきました。その数は近年激減しているといわれます。その理由はマンションなどが増え居場所が少なくなったためと、エサが食べられる農地が少なくなったためと考えられています。

数が減るのはさびしい

激しく木を叩いても大丈夫なように特殊な構造で頭を守っている

Q なぜキツツキはくちばしで木を叩くの？

A キツツキは太くてじょうぶなくちばしで木の幹を叩き、エサをとって食べています。キツツキの足は長く、強い力でしっかりと幹をつかむことができます。また長くてかたい尾羽で体を支えています。キツツキは木の幹をくちばしで叩き、その音で中にエサとなる幼虫がいるかどうか確認します。幼虫がいる場合は空洞ができているため音の響きが違います。くちばしで穴を開け、幼虫が作ったトンネルを見つけると、長い舌を差し込んで幼虫を捕まえます。キツツキの舌はくちばしの2倍以上の長さがあります。

再利用される巣穴

キツツキは木をくちばしで叩き巣穴も作ります。巣穴は毎年春の繁殖期に新しくほります。巣穴の中は最初は横穴で、その先に縦穴があります。キツツキが去ったあとの巣穴はフクロウやリスなどほかの動物の巣穴として再利用されます。

自ら巣穴を作れない動物も利用する

動物の観察に行こう！

動物の観察をする時に気を付けたい服装のポイントや、あると便利な道具をご紹介。

服装

動物は目がいいので、派手な色の服はすぐに見つかって警戒されます。茶色や周りの色に合わせた緑色などがおすすめ。

帽子

日差しや紫外線防止のためにツバつきの帽子があるとよいでしょう。

かばん

双眼鏡が使えるように、両手がふさがらないものにしましょう。

くつ

運動靴やスニーカーなど、はきなれた歩きやすい靴。できれば防水加工されたものを。

双眼鏡

倍率が10倍の双眼鏡だと、100m先にいる動物が10m先にいるくらいに大きく見えるので、遠くにいる動物のしぐさや表情まで観察できます。

双眼鏡選びのポイント

倍率は、初心者でも観察のしやすい7～8倍がおすすめです。視野が広いので素早く動く動物を視界に捉えやすく、林内などでも比較的明るく見えます。

スマートフォン・デジカメ

出合った動物の生態を写真や動画、音声で記録に残すことができます。姿が見られない場合でも、鳴き声を録音しておけば、自宅にもどって動物の名前を調べることができます。

第2章

さんぽで出合う「植物」のなぜ？なに？

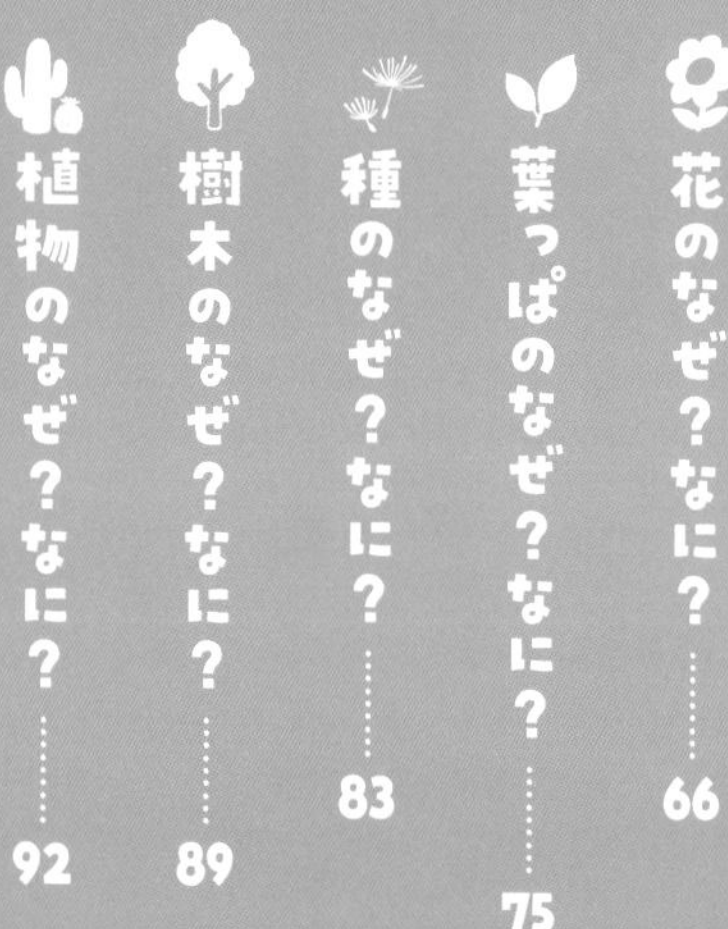

「植物」の「なぜ?」「なに?」の答えを探そう

私たちは、色も形も大きさも異なる無数の植物に囲まれて暮らしています。ベランダで育てている花も、近所の街路樹も、空き地に生えた雑草も、すべて見慣れた植物ですが、あらためて観察すると、たくさんの「?」が浮かんできます。「なぜこんな形なの？」「なぜこんな色なの？」植物は近づいて手で触れたり、においを嗅いだりすることができるため、じっくり観察して「なぜ？」の答えを探すのに最適な対象です。

定点観察の楽しみ

時間によってアサガオの花がどうなるかを観察してみよう

植物は動きません。ある場所に留まっているので、日々の変化が観察できます。決まった場所で時間の経過とともに変化する様子を観察することを「定点観察」といいます。春に芽吹いた木々が、夏、秋と季節を経てどう変わっていくのか、朝咲いたアサガオの花が、昼過ぎにはどうなっていくのか、何もない空き地がどうやって雑草にで埋めつくされるのか。植物の観察には時間と根気が必要ですが、自然の変化を知るには最適です。

写真を活用しよう

動物の観察でも写真は役に立ちますが、植物の定点観察にもなくてはならないもの。毎日決まった時間に写真を撮って比較したり、1時間ごとに撮影して変化の様子を記録したり、いろいろな楽しみ方ができます。また「なに？」を見つけたら、写真に撮っておき、あとで図鑑などで確認することもできますし、スマホなら、カメラをかざすだけで植物の名前を確認することができるアプリもあります。

サクラのつぼみから花が咲くまでの様子を記録する

植物の観察で気をつけること

植物はあらゆるところにあります。車が行き交う道路、水辺、崖の近くなど、足元や周囲をよく見て行動しましょう。公園など誰でも入っていい場所を除き、森や空き地は私有地であることが多いです。入って問題ないかを事前に確認しておき、柵があったり、「立ち入り禁止」などの標識が立っていたりするところには入ってはいけません。森のなかや原っぱなどでは、危険な昆虫や虫（P.119）にも注意が必要で、また実に毒があったり、ウルシのように触るとかぶれたりする植物もあるので、不用意に口に入れたり、触ったりしないようにしましょう。

実だけでなく、根や葉にも毒があるヨウシュヤマゴボウ

集めて楽しい植物の「なぜ？」「なに？」

動物や昆虫など生きているものを集めるのはたいへんですが、植物は集める楽しみがあります。花を摘んだり、ドングリをひろったり、いろいろな色の落ち葉を集めたりして、楽しみながら「なぜ？」「なに？」の答えを探してみましょう。

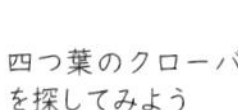

四つ葉のクローバーを探してみよう

いろいろな色の落ち葉

どんぐりの形は木の種類によって異なる

Q なぜアサガオは朝咲くの？

夏は朝早くに開花し、暑いと昼前にはしぼんでしまう

A アサガオは太陽の光を感じて咲くのではなく、太陽が沈んで暗くなってから一定の時間が経過すると花を咲かせます。その時間は9～10時間です。夏は午後7時頃に太陽が沈むので、10時間後の朝5時頃に花が咲きます。植物には花を咲かせる時刻が決まっているものがあります。ツユクサやタンポポなどは、アサガオのように朝に花を咲かせます。昼に咲いている花が多いですが、ゲッカビジン、ヨルガオ、ハマユウ、イエライシャン、オオオニバス、オシロイバナなど、夜に咲く花の種類もたくさんあります。

しぼんでしまう花びら

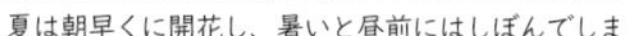

太陽が昇る前に咲いたアサガオは花びらがとても薄いため、太陽に長い時間照らされると水分が蒸発して、しぼんでしまいます。ただ、すぐに別の新しい花が咲くので、同じ花が咲いたりしぼんだりしているように見えます。

ツルの下のほうから順に開花する

日本で最も早く桜が開花するのは沖縄。1月に桜を楽しめる

Q なぜサクラの開花はいつも違うの？

A サクラのソメイヨシノの花は日中の気温が15〜20度になると咲きます。しかし、年によってサクラの開花日は異なります。それはサクラの花の芽と深い関係があります。サクラの花の芽は夏にでき始め、晩秋から冬にかけて、芽は気温が低い中を過ごし、真冬の寒さで芽は目覚めます。そして春につぼみがふくらみます。寒さで芽が目覚めた日からの気温の合計で開花時期は決まるとされます。2月1日からの1日の平均気温の合計が400度になった場合と毎日の最高気温の合計が600度になった場合の2つの法則が知られています。

豆ちしき

世界でも例がない桜前線

サクラのソメイヨシノは1本の木から接ぎ木で増やしていて遺伝子は同じです。そのため気候が同じ地域では同時に開花します。春にはソメイヨシノの桜前線が風物詩ですが、開花前線が調べられることは世界では例のないことです。

開花のニュースが待ち遠しい

フラボノイド色素を花弁に蓄積するミヤコグサ

Q なぜ花にはいろいろな色があるの?

A 花の種類は数多く、同じ赤でもさまざまな違いがあります。しかし、花の色のもととなる色素は4つしかありません。1つはアントシアニン。黄色から青色まで幅広い色を出す色素で、ほとんどの花に含まれています。2つ目はカロテノイドで、黄色からだいだい色、赤色のもととなります。3つ目は、黄色から紫色までを出す色素のベタレイン。これは一部の植物のみが持っています。最後のクロロフィルは緑色を出す色素で、植物の葉や茎に多く含まれますが、ごく一部の花で緑色の花を咲かせるものもあります。

白い色素は存在しない

日本の野生植物の中で、1番多い花の色は白、ついで黄色、紫色、赤色の順となっています。白い花にはフラボノイドという無色の色素が含まれています。人の目に見える光を全部反射するので白く見えるのです。

カロテノイド色素を含んだブーゲンビリア

スミレは春先の寒いころから花を咲かせ始める

Q なぜ、花によって咲く時期が違うの？

A 花は種類によって咲く時期が決まっています。昼と夜の時間の長さによって、花の芽ができる時期が決まる植物もあります。昼と夜の時間で重要になってくるのは、実は夜の時間の長さです。植物は光が当たらない時間の長さの変化を感じ取り芽を作ります。植物は花をつける時期で大きく3つに分けられます。夜の時間が短くなっていく冬至から夏至までの期間に花をつける種類、夜の時間が長くなっていく夏至から冬至までの期間に花をつける種類、昼夜の長さに関係なく花をつける種類の3つです。

豆ちしき

それぞれの花の代表は

冬至から夏至の期間に花をつけるのはスミレ、カーネーションなど。夏至から冬至に花をつけるのはアサガオやキク、コスモスなどです。昼夜の長さに関係なく花をつけるのは、バラやヒマワリ、ゼラニウムなどです。

日が短くなると開花するコスモス

花のなぜなに

Q なぜ花に虫が集まるの?

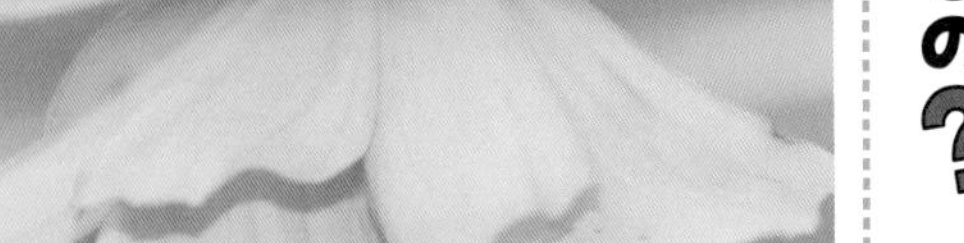
ミツバチが花の蜜を集めるのは子育てのため

A 花に虫が集まってくるのは、花の蜜を手に入れるためです。植物が自分の仲間を増やす種を作るためには、花のおしべで作られた花粉をめしべにつけなければなりません。花に集まってきた虫の体には花粉がついて、めしべへ運ばれます。虫に花粉を運んでもらうために花は蜜を出しているわけです。花粉が風によって運ばれる植物もありますが、めしべへ運ばれるかどうかはわかりません。その点虫であれば、確実に花粉を運んでもらえます。蜜を与える花と花粉を運ぶ虫は、互いに協力する関係にあるといえます。

豆ちしき

人には見えない目印も

花の中には花粉をつけてもらうため、虫にとまってほしい場所に印をつけているものもあります。この印には紫外線を当てなければ人には見えない模様もあります。虫にはこの模様が見えるのでここを目がけていきます。

紫外線を吸収して、昆虫に蜜の場所を教える目印をつくるタンポポ

肉の腐ったようなにおいでハエなどをおびきよせるラフレシア

Q なぜ花はいいにおいがするの？

A 花は花粉を虫などに運んでもらうため、花の色や形を目立たせたりしていますが、いいにおいをさせるのも虫などを集めるためです。ただ、そのにおいは虫のためなので、人にとっていいにおいかどうかはわかりません。バラやキンモクセイなど、人がいいにおいだと感じる花はたくさんありますが、人にとって嫌なにおいを出す花もあります。そのひとつが世界最大の花といわれるラフレシア。腐った肉のようなにおいを出してハエなどをおびきよせます。タンポポやヒマワリのようににおいのない花もあります。

豆ちしき

時間帯で強さが変化

花のにおいの強さは時間帯によって異なるといわれます。ラベンダーは昼間に強くなり、ランなどは夜に強く香ります。これは花粉を運んでくれる虫の活動時間に合わせて強くにおいを放っているためだとされています。

香りが強くポプリなどにも適したラベンダー

Q なぜ花が違っても花のつくりは同じなの?

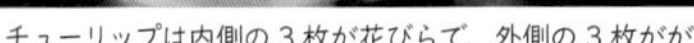
チューリップは内側の3枚が花びらで、外側の3枚ががく

A 花の色や形はさまざまですが、ほとんどの花に共通したつくりが見られます。花は外側から、がく、花びら、おしべ、めしべの4種類の器官からできています。がくと花びらは、おしべとめしべを守っています。おしべの先には花粉がつまっていて、めしべは花粉がつくと実や種になります。花びらには、サクラのように1枚1枚離れたもの、アサガオのようにくっついているもののほかに、チューリップのようにがくと花びらが同じような色と形に変化したものなど、種類によってさまざまな違いがあります。

紫外線から守る役目も

花びらには種を作る場所を守る役割があります。葉が変化して花びらのようになっている種類もあります。高い山に咲く花の花びらは強い紫外線からおしべやめしべを守っているものもあります。

高山の厳しい環境に生きるコマクサ

アジサイの花のひみつ

春から初夏にかけて身の回りで一番よく見られる花アジサイ。さまざまな色や形があって私たちの目を楽しませてくれます。世界中で見られるアジサイですが、原産国は日本で、江戸時代に日本に滞在していたドイツ人医師シーボルトがヨーロッパに持ち帰り、そこで品種改良されたものが世界に広まったといわれています。

花のようで花ではないアジサイの花

たくさんの人が花だと思っているアジサイの花は、実は「がく」で、そのがくに囲まれたなかに本当の花があります。がくの部分を装飾花（そうしょくか）と呼び、実際の花は真花（しんか）と呼ばれます。

がく(装飾花(そうしょくか)) 小さな葉が花のような姿をしています。

ガクアジサイ

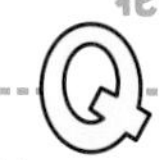

Q なぜヒマワリはお日様に向かって咲くの？

花が動くのではなく茎の成長によって花がひなたを向く

A ヒマワリは太陽の方向に向いて咲いているように思われていますが、必ずしもそうではありません。ヒマワリはつぼみから成長している間は太陽の方向を向くように動きますが、花が咲いてからは動きません。太陽に合わせて向きを変えるのは、茎にある成長ホルモンのためです。茎の成長ホルモンは光が当たらない側に多く集まり、茎を成長させます。光の当たらない側の茎が伸びると、自然にヒマワリの花は太陽の方向へと向きます。最近は、開花後のヒマワリの多くが東向きになるという研究結果も出ています。

外と内に2種類の花

ヒマワリの花の集まりには２種類の花が見られます。内側に集まるたくさんの花は、花びらは目立ちませんが実を作ります。外側を取り囲む花は実を作ることができませんが、舌のような形の花びらは、虫を集める役割を持っています。

それぞれ働きが違うヒマワリの花

葉がギザギザしているトチノキは５～７枚の葉をつける

Q なぜ葉っぱにはいろいろな形があるの？

A 植物は葉で日光を受けて、生きていくための養分をつくり出します。これを光合成と呼びます。多くの葉は光合成を効率よく行うのに適した平たく、うすい形をしています。しかし、植物の種類によって葉の形はそれぞれ違いますし、同じ種類でも若い葉と成熟した葉では形が違う場合もあります。葉の基本形は、葉が1枚からなる単葉と葉が複数ある複葉ですが、複葉でも葉のつき方はさまざまです。葉の形が異なるのは、太陽の光の量や降水量、気温、風の強さ、土の質など自然環境の違いに合わせて進化したためです。

豆ちしき

動物から身を守るため？

葉はへりの形もいろいろ違います。へりがなめらかな葉、ギザギザになっている葉などがありますが、中にはへりがトゲのようになっている葉もあります。これは動物に食べられないように身を守っているためと考えられます。

ヒイラギの若い木の葉のトゲは年をとると先端だけになる

Q 植物の葉はなぜ緑なの？

葉緑素は植物や藻類に含まれている

A 植物が生きるための光合成は葉の細胞の中にある葉緑体（ようりょくたい）で行われます。葉緑体には光を吸収する緑の色素の葉緑素（ようりょくそ）が含まれています。葉が緑色をしているのはこの葉緑素のためです。葉緑素で日光を吸収し、空気中の二酸化炭素を取り入れ、根から葉へ水を吸い上げて光合成は行われます。光合成で作られた養分は、水に溶けて植物の体全体に運ばれていきます。観葉植物などには赤い葉をしているものもあります。これは葉緑素以外に赤い色素を含んでいるためです。

着色料になっている葉緑素

葉緑素は着色料として使われています。身近なものだと、ガム、チョコレート、ゼリー、アイスクリームなどに入っています。この葉緑素以外にも、天然由来の色素を使った商品が数多くあるので、探してみるのも面白いと思います。

冬になると葉の養分を幹や樹皮に移してから葉を落とす

Qなぜ落葉するの？

A 秋になると、葉を落とす木があります。これは冬を過ごすために行われています。葉は、光合成をする植物にとっては大切なものですが、冬の間は日照時間が短く、太陽の光を十分に受けることができません。その一方で、葉をつけ続けるためには栄養も必要です。葉の表面からは水分が蒸発するので、水分を保つためには葉は不要です。そこで冬の間は葉を落として、春になるのをじっと待つことを選んだ木もあります。光合成ができない状態ですが、これは動物が冬眠しているのと同じだといえます。

豆ちしき

落ち葉はどうなる？

木から落ちた葉は地面に積もりますが、落ち葉はいつの間にかなくなっていきます。それは落ち葉をエサとしている動物や微生物がいるためです。微生物は落ち葉を二酸化炭素や水、窒素などに分解し、栄養豊かな土を作ります。

微生物やミミズ、昆虫の幼虫などが分解する

Q なぜ紅葉（黄葉）するの？

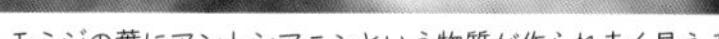
モミジの葉にアントシアニンという物質が作られ赤く見える

A 葉は、光合成をするための葉緑素を葉緑体という細胞に含んでいるため緑色に見えます。秋になり寒くなってくると、この葉緑素が少なくなってきます。また、葉へ水分などが流れなくなり、光合成で作られた栄養分が葉にたまってきます。この栄養分が分解されて赤い色素が作られます。緑色の葉緑素が少なくなり、赤い色素が作られるため紅葉となるわけです。黄葉は葉緑素が減り、もともと葉緑体の中にあった黄色の色素が目立つようになるため黄色くなります。どちらの色になるかは、おもに木の種類により決まっています。

春に紅葉することも

葉が紅葉するのはカエデ、ツタ、カキ、ドウダンツツジなど、黄葉するのはイチョウ、ポプラ、カツラなどです。春になり、木の芽から新しい葉が開いたばかりのときも、紫外線から身を守るために紅葉することがあります。

葉が成長すると緑色に変わる

街で見られる紅葉（黄葉）する樹木

日本では街路樹に落葉樹が植えられていることが多いのですが、秋になるとたくさんの葉を落として清掃がたいへんなのになぜ落葉樹を植えるのでしょう。それは街路樹の役割に理由があるからです。夏はたくさんの葉を茂らせることで木陰を作り暑さを和らげ、冬は葉を落とすことで地面に日差しが届くようになります。また落葉樹は季節によって葉の色が変わるので、季節の変化が感じられます。

イチョウ　ケヤキ　サクラ

ハナミズキ　トウカエデ　ナナカマド

プラタナス　コナラ　トチノキ

Q なぜ緑のままの葉もあるの？

常緑樹も落葉するが常に新しい葉が出てくる

A 木が葉を落とすと、春にまた新しい葉を作らなければなりません。木には葉を落とす種類と葉をつけたままの種類があります。秋になると葉を落とすのは落葉樹（らくようじゅ）、一年中緑の葉を繁らせているのは常緑樹（じょうりょくじゅ）と呼びます。落葉樹は春に新しい葉を作るための十分な太陽の光が得られる地域に見られます。常緑樹は一年中太陽の光を受けられる熱帯地域や、夏が短いため冬の間の栄養を蓄えられない寒い地域に見られます。北の常緑樹の多くは、針のように細長い葉を持つ針葉樹（しんようじゅ）です。

針葉樹と広葉樹（こうようじゅ）

広葉樹は広い葉を持つ木のことです。木の幹から枝を横に広げ、広い葉で太陽の光を集めようとする広葉樹に対し、細長く、分厚くて壊れにくい葉をもつ針葉樹は、できるだけ背を高くして日光に当たろうとしています。

広葉樹の代表、平たい葉をつけるクヌギ

水をはじくクチクラは時間が経つと葉から取れていく

Qなぜ葉っぱは水をはじくの？

A 葉の表面は表皮で覆われています。表皮からはろうなどの物質が出ていて、水分の蒸発を防いだり、外から有害な物質が入ってくるのを防いでいます。このろうなどによってできた透明な層はクチクラと呼ばれます。クチクラは人や哺乳類の毛の表面にも存在します。クチクラはラテン語ですが、英語ではキューティクルといいます。クチクラの表面にはさらに細かいろうの粒が一面に広がっています。また葉の表面は細かな毛で覆われていたり、ごく小さなでこぼこがあったりします。そのため葉は水をはじきます。

病気も防ぐクチクラ

雨水や地面からはねた水などには、植物に寄生する菌類の胞子やさまざまなバクテリア、ウイルスが含まれています。クチクラは水をはじく性質（撥水性）を持つことで、それらが侵入して病気にならないようにしています。

植物に寄生する菌類やウイルスの侵入を防ぎ、葉を守るクチクラ

Q 四つ葉のクローバーはなぜできるの?

クローバーは夜になると葉を閉じてしまうので探すなら明るいうち

A 四つ葉のクローバーができる理由は2通り考えられています。ひとつは、クローバーの葉のもととなる部分が、踏まれたり傷つけられたりして、葉が3枚から4枚になったというもの。もうひとつは、遺伝子の突然変異によるものです。遺伝子は動物や植物の体を作る設計図ですが、何かの理由で壊れたり書き換えられたりすると突然変異が起こります。四つ葉のクローバーが自然にできる確率は1万分の1とも、10万分の1ともいわれます。四つ葉のクローバーはそれだけ珍しいこともあり、幸運のシンボルとされています。

豆ちしき

どこで見つけられる?

四つ葉のクローバーは人や動物が踏む場所で見つけられる可能性があります。公園や通り道に群生するクローバーの中から発見できるかもしれません。また涼しい季節より暑い季節の方が見つけやすいともいわれています。

動物によく踏まれる牧草地も探しやすい

マツには花粉が風に飛ばされやすいように空気袋が付いている

Q 松ぼっくりって何？

A 種を作る植物の中には、種が果物のように果実で包まれた被子植物（ひししょくぶつ）と何にも包まれていない裸子植物（らししょくぶつ）の2種類があります。松ぼっくりはマツの種ですが、果実に包まれていないので裸子植物です。松ぼっくりは硬いうろこ状のもので覆われていますが、これは葉が変化したもので鱗片葉（りんぺんよう）と呼ばれます。内側には種があり、鱗片葉が種を守っているわけです。雨などの日は鱗片葉は閉じていますが、晴れて乾燥すると、鱗片葉は反り返って大きく開き、種が飛んでいきます。

豆ちしき

松ぼっくりのできかた

マツにはオスの花とメスの花があります。4月、オスの花から舞い上がった花粉がメスの花につき緑色の実となり、8月に茶色に変化し、そのまま冬を越して1年後の4～6月に大きくなりはじめます。これが松ぼっくりになります。

クロマツの雄花

通常はイガひとつにつき３個のクリが入っている

Q クリはなぜイガに包まれているの？

A クリのイガが何なのかについては諸説ありますが、つぼみを包むように変化した葉だと考えられています。クリがイガに包まれている理由もはっきりしていませんが、動物などから種を守るためだと考えられています。もともと雌花にすでにトゲがあり、それが成長してイガになります。クリは被子植物ですが、人が食べている部分はクリの実ではなく、種です。表面の鬼皮だけむいた渋皮と中身が種で、鬼皮がほかの果実の果肉にあたる部分となります。イガはほかの果物でいう皮の部分にあたります。

クリは野菜？ 果物？

スーパーなどではクリが野菜コーナーにあったり、果物コーナーにあったりします。農林水産省によると、クリは果物に分類されています。果物の定義ははっきりしませんが、一般的に木になるものが果物とされています。

ケーキの材料にもなるのでやはり果物？

丸いクヌギや細い楕円形のコナラなど種類によって形が異なる

Q どんぐりにいろいろな形があるのはなぜ？

A どんぐりとは、コナラなどブナ科の木の果実をまとめて呼ぶ名前だからです。日本には22種類が自生しています。形や大きさはさまざまですが、硬い殻で覆われている点は同じです。どんぐりのつけ根には帽子のような部分がありますが、これはつぼみを包むように変化した葉で、クリのイガと同じです。なお、クリもどんぐりの一種です。帽子のような部分はさまざまな形があり、どんぐりの大きな特徴となっていて、どんぐりを見分けるときの手がかりとなっていますが、実を守るための働きは共通しています。

豆ちしき

いろいろなどんぐり

ブナ科の木には、冬になると葉を落とす木と1年中葉をつけている木があります。どんぐりが成熟する期間も種類により異なります。花が咲いた年の秋に実る「一年成」のものと、翌年の秋に実る「二年成」のものがあります。

ミズナラ（ブナ科）の若いどんぐり

Q なぜタンポポは花が綿毛になるの？

タンポポの花全体を頭花、花びら１枚１枚を舌弁花と呼ぶ

A タンポポの綿毛の一番下の部分には種があります。タンポポの綿毛は、風が吹くと風に乗って運ばれます。綿毛は弱い風でも遠くに運ばれるようになっていて、仲間を遠くまで増やせるようにしています。タンポポの花びらが見える部分には、１枚ごとにおしべやめしべなどがついており、それぞれがひとつの花となっています。タンポポは黄色い花が咲いてから、２週間ほどで白い綿毛に変わります。花が咲いているのは5日程度です。花は一度つぼみのような状態に戻り、綿毛ができるともう一度開きます。

数kmも飛ぶ綿毛

綿毛は放射状に広がっていて、それぞれが飛びやすくなっています。秒速0.5mのわずかな風でも飛び、数kmもの距離を飛ぶともいわれています。落ちた場所が石の上などの場合は、また風に乗り根付くことができる土地へ移ります。

綿毛が羽になって空中に長く漂う

＼どのように種は旅するの？／

植物の種のいろいろな運ばれ方

風を使う

カエデの種

タンポポの綿毛のようなもの。風に運ばれてできるだけ遠くに行きたいので、軽くて運ばれるための工夫が種ひとつひとつになされています。

冬のカエデ

水を使う

ココヤシの実

雨で流れ落ちて、そのあとに川の流れに乗って遠くに運ばれるもの、海に落ちて遠くまで流されていくものなどがあります。

海岸に流れ着いたココヤシの木の実

自分で飛ばす

ホウセンカの種

果実が割れるときに種が飛び出すようになっていて、乾燥したり湿ったりすると、実がはじけて種が飛び出すようになっているものがあります。

ホウセンカ

自然に落ちるに任せる

どんぐりの実

どんぐりのように、種が周りに落ちるだけのものもあります。落ちた後に動物に運ばれることもあります。ただ親と同じ環境のところに種が置かれるので発芽する確率は高くなります。

芽を出したドングリ

動物を使う

トリなどの動物に実を食べてもらい、種が消化されずにフンとして排出されることで別の場所に種が移動します。他にも動物の体にくっついて運ばれるように形が発達したものもあります。

赤色の果実と黒い種が目を引くゴンズイ

Q 銀杏(ぎんなん)はなぜ臭いの?

皮の部分を素手で触ると手がかぶれることもあるので注意

A 銀杏はイチョウの種子の一部です。人が食べるのは白くて硬い殻の中身で、この殻がひとつの種となっています。秋にイチョウ並木などで臭く感じられるのは銀杏の殻を包んでいる皮の部分の臭いのせいです。この部分には人の排泄物の悪臭や腐った油のようなにおいなどが混ざった臭い成分が含まれています。ただ人間にとって臭いにおいでも、タヌキなどの野生動物はえさにしています。消化されずに排泄された種は、別の場所で芽を出します。イチョウは2~3億年前からそうやって生き延びてきたのです。

豆ちしき

薬にも毒にもなる銀杏

銀杏は栄養満点で昔から病気を治したり、カゼを予防するために使われています。その一方で、食べすぎると吐き気や下痢、呼吸困難、けいれんなどの中毒を起こすことも知られています。銀杏を食べるときは注意が必要です。

5歳以下の子供は食べないように

雑木林の中で甘酸っぱいにおいを漂わせる樹液は昆虫の大好物

Q 木にはなぜ樹液があるの？

A 樹液は木が傷つけられた場所にしみ出てきます。これは傷口を守るためと言われています。樹液に含まれる成分や、樹液がさらさらしているかべとべとしているかなどは、木によって違います。マツやスギの樹液はかなりべとべとしていて、ヤニとも呼ばれます。ゴムの原料も樹液でゴムノキから採取されます。ラテックスと呼ばれる樹液は乳液のようです。メープルシロップもカエデの樹液から作られます。甘みを含んだ樹液を煮詰めることで濃縮されシロップとなります。1リットル作るのに40リットル以上の樹液が必要です。

化石となった樹液

ロシアなどでお土産として有名な琥珀（こはく）は、樹液に含まれる成分が化石となったもので宝石として売られています。琥珀は化石となった地域や時代によって色がさまざまで、中には虫が入っているものもあります。

太古のマツやスギなどの樹液からできている

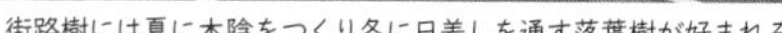
街路樹には夏に木陰をつくり冬に日差しを通す落葉樹が好まれる

Q なぜ道路に沿って樹を植えるの？

A 道路に沿って植えられた木は街路樹（がいろじゅ）と呼ばれます。木が並んでいるので並木という表現もあります。街路樹は夏の強い日差しをさえぎったり、車の排気ガスや騒音をやわらげたり、道路沿いの環境を守る役割があります。最近は地球温暖化によるヒートアイランド現象が問題となっていますが、街路樹は都市特有のこの現象の緩和にも役立っています。また、街路樹の緑はそれだけでも人の気持ちにやすらぎを与えてくれます。花が咲いたり葉が色づいたりして、四季折々の変化も感じさせてくれます。

世界で最も古い街路樹

世界で一番古い街路樹は約3000年前にヒマラヤ山脈のふもとに造られた道に植えられたものだとされています。インドのコルカタからアフガニスタンの国境につながるこの幹線道路はグランド・トランク・ロードと呼ばれます。

現在もたくさんの車が行き交う大きな道

爪を立てて触ってみると早材は柔らかく晩材は固いことがわかる

Q 年輪はどうやってできるの?

A 木を切って断面を見ると、縞模様があるのがわかります。これが年輪（ねんりん）で、この模様の数で木の年齢を知ることができます。年輪を見てみると、白っぽい層と色の濃い層があるのがわかります。白っぽい層は早材、色の濃い層は晩材と呼びます。早材は春から夏にかけて木が成長した部分、晩材は秋から冬にかけて成長した部分です。1年で早材と晩材のセットがひとつでき、これが年輪となります。季節により木の成長が変化することで年輪はできるので、季節の区別がない熱帯多雨林などでは年輪が確認できません。

豆ちしき

長生きの木

年輪は異常な高気温や乾燥などできれいに出ない場合もありますが、基本的に必ず1年に1層ずつできます。日本の屋久杉のように、千年以上生きている木も存在します。屋久杉には、幹の直径が1㎝大きくなるのに20年以上かかるものも。

アメリカには4723年分の年輪が測定された巨木もある

©Nagesh Kamath

植物のなぜなに

Q 植物も息をしているの？

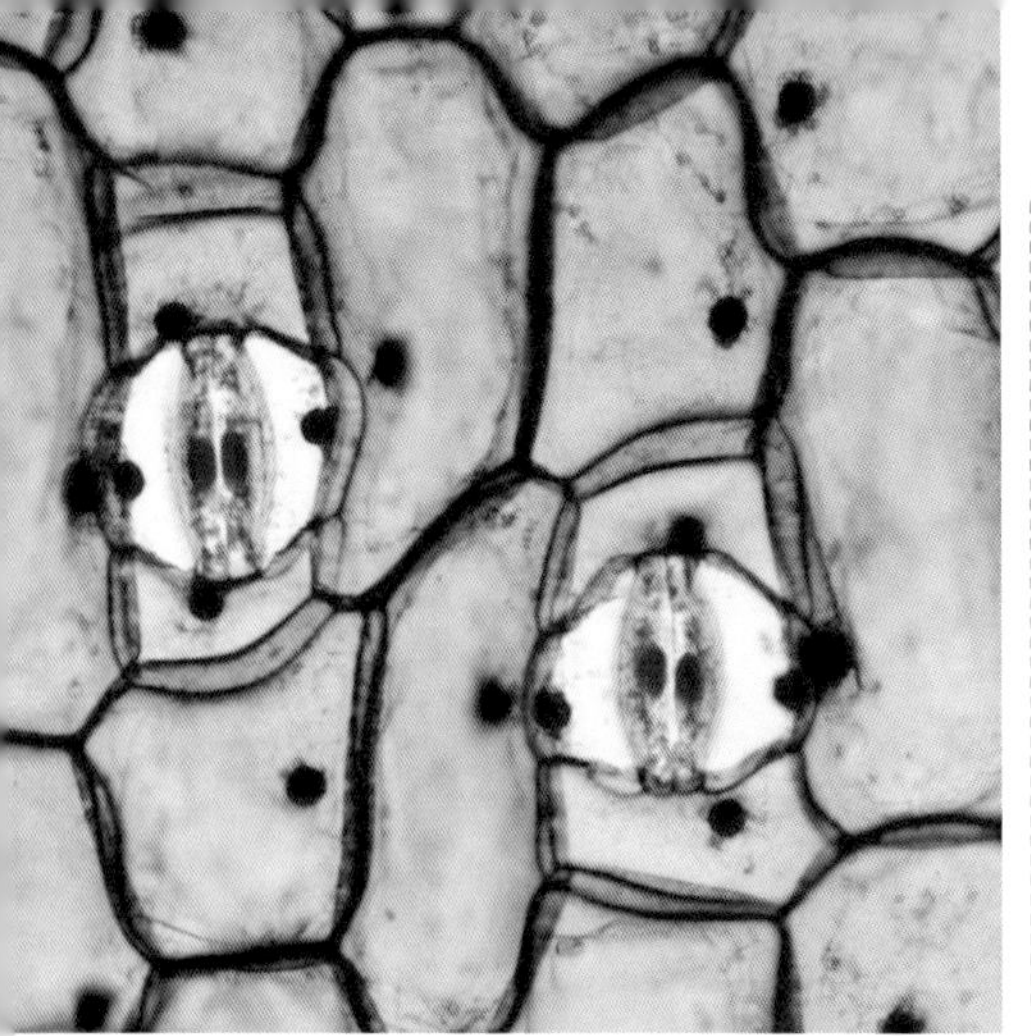

唇のような形をした気孔。光に反応して開くことがわかっている

A 葉の表面には気孔（きこう）と呼ばれる小さな穴があります。一般的に葉の裏側に気孔は多くあり、酸素や二酸化炭素、水蒸気などの出入り口となっています。植物はこの気孔で一日中息をしています。昼間、葉は酸素を吸って二酸化炭素を吐き出す呼吸のほかに、太陽の光を浴び、気孔から取り入れた二酸化炭素を利用して光合成を行います。植物が生きるために不可欠な光合成については「植物の葉はなぜ緑なの？」（76ページ）でも紹介しています。夜の間は光合成は行われず、植物は呼吸だけをしています。

気孔を作る作る細胞は三日月の形

葉の表面を顕微鏡で見ると、小さい部屋が集まったようになっています。この部屋は細胞と呼ばれます。すべての生き物は細胞からできていますが、気孔は三日月形の細胞が向かい合ったようになってすき間を作っています。

気孔の開閉を調整する細胞を孔辺細胞という

光合成は葉緑体をもった植物だけができる栄養づくり

Q なぜ植物は食べなくても育つの？

A 植物は水を根から吸収し、その水は茎のなかの管を通って体全体に運ばれていきます。この水と太陽の光、そして葉っぱから吸収する二酸化炭素を材料に、植物は光合成によって、体内で栄養分を作ることができます。栄養分は茎のなかの別の管を通って体全体に運ばれます。このように、植物は光合成によって自分で栄養分を作ることができるため、食べなくても育つことができるのです。また根から吸収された水の中には、窒素やリン、カリウムといった植物が生きていくために必要な養分も含まれています。

豆ちしき

茎の内部のつくりは？

根から吸収された水分や養分は茎によって上へ運ばれますがこの管を道管と呼びます。葉でつくられた栄養分を下へと運ぶ管は師管と呼びます。道管と師管が通る通路は維管束（いかんそく）と呼ばれ、茎の大切な役割を担っています。

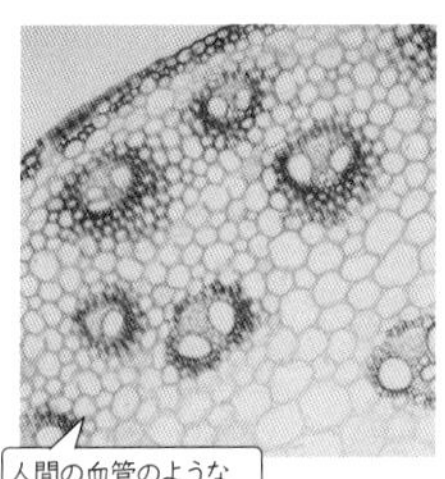
人間の血管のようなはたらきをもつ維管束

植物のなぜなに

Q なぜ種をまいていないのに雑草が生えるの？

何もなかった空地があっという間に草だらけになる

A 雑草は種をまいていないのに自然に生えてくるように見えますが、実はいろいろなかたちで種がまかれているのです。風に飛ばされてくることもありますし、動物の体にくっついて運ばれることもあります。人のズボンについている場合も少なくありません。

また、地下に茎や根があり、それが芽を出すこともあります。雑草には一年草と多年草の2種類があります。芽が出てから枯れるまでの期間が1年のものを一年草、2年目以降も成長するものを多年草と呼びます。雑草の花の種類は非常に豊富です。

豆ちしき

除草はなかなか難しい

根の短い雑草は鎌などで根ごと引き抜けば完全な除草ができますが、根が残るとまた雑草は生えてきます。種ができる前の春から初夏までに除草することも大切です。除草剤を使う場合は時期や場所などいろいろ注意が必要です。

雑草とりはとても根気のいる作業

いろいろな雑草

見た目も多様な雑草ですが、分類ごとに暮らし方が違います。なんとかして種子を残そうとする雑草のライフスタイルを見てみましょう。

雑草のくらし方

一年草 ▶▶ 種から発芽し花を咲かせ、毎年種を残して枯れる雑草。

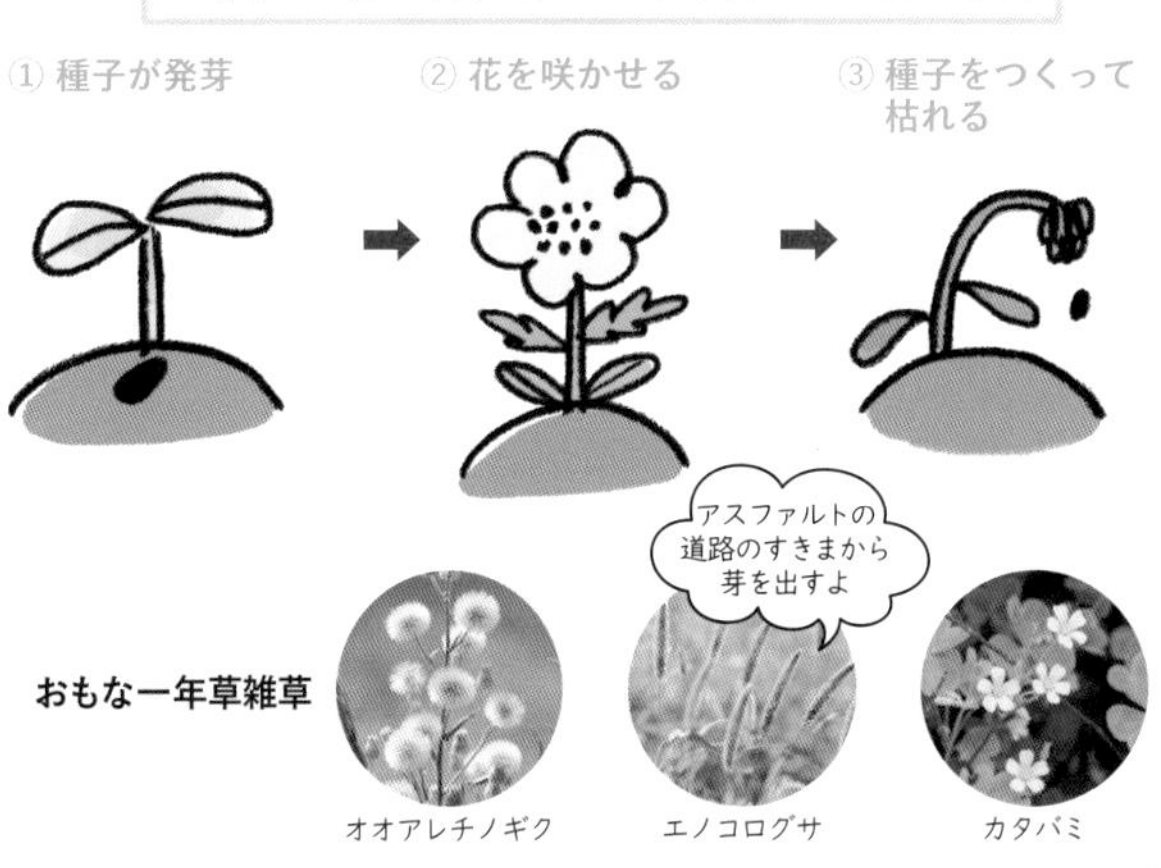

多年草 ▶▶ 地下茎や根が生き残り、数年生き続ける雑草。

①地下茎や根から発生　②地上部は枯れるが地下茎や根は生き残る　③地下茎や根からふたたび生育

主な多年生雑草

ドクダミ

場所を占領する雑草

空き地でよく見かける多年草のセイタカアワダチソウは、地下茎から植物の生育をじゃまする物質を出してしぶとく増え続けます。そのためほかの植物は負けてしまいます。

Q ハルジオンとヒメジョオンは何が違うの?

ハルジオン（左）とヒメジョオン（右）

A ハルジオンとヒメジョオンはどちらも北アメリカを原産とするキク科の植物で、いずれも要注意外来生物に指定されています。漢字では春紫苑と姫女苑と書きます。どちらも似ていますが、いろいろ異なる点もあります。花を比べると、ハルジオンは花が大きく花びらは細いですが、ヒメジョオンは花が小さく花びらは幅が広くなっています。茎を切ると、ハルジオンはストローのように空洞がありますが、ヒメジョオンは白いものがつまっています。ハルジオンが育つのは4～5月、ヒメジョオンは6～10月です。

貧乏草と鉄道草

ハルジオンは多年草で草の高さは30～80cmと低め、ヒメジョオンは一年草で30～150cmと高めという違いもあります。ハルジオンは摘むと貧乏になるとされ貧乏草、ヒメジョオンは線路沿いに広がったため鉄道草とも呼ばれます。

ヒメジョオンは明治維新の頃に観賞用として渡来したとされる

イネを育てるときの田んぼの水の適温は 16 ～ 25 度

Q なぜイネは水の中に植えられているの？

A イネには水の中で育つものと畑で育つものがあります。水の中で育つイネはもともと水辺に生えていて、根が水の中で腐ることがないように、葉で取り入れた酸素を根まで運ぶ管が茎に備わっています。水は熱しにくく冷めにくいという性質があり、イネを暑さや寒さから保護する役目も果たしています。水の中では雑草も生えにくくなります。1～5月にかけて田んぼの準備と苗作りが行われ、5月末頃田植えをし、10月初めに収穫が行われます。田んぼの水の温度が上がる夏には、一度水を抜いて根に十分な酸素が行くようにします。

いろいろな種類があるイネ

イネは世界で約 20 種類あるとされますが、ほとんどが野生種。栽培されているイネは、アフリカで栽培されているアフリカイネと世界中で栽培されているアジアイネの2種類です。日本のイネはアジアイネのジャポニカという種類です。

タイ米で知られるのはインディカという種類

Q なぜサボテンにはトゲがあるの？

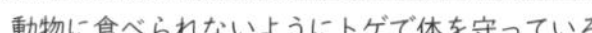
動物に食べられないようにトゲで体を守っている

A サボテンは北米大陸と南米大陸に約2000種類以上見られます。そのほとんどが乾燥地帯に生えています。サボテンは乾燥に強い体を持つようになりました。体を守るためと水分が逃げないように葉はトゲに変化しています。茎は水をためられるように大きく太くなっています。植物は葉で呼吸し光合成を行いますが、サボテンは呼吸も光合成も茎で行っています。暑い日中、光合成に使う二酸化炭素を取り入れるため気孔を開けると水分も蒸発してしまうため、夜に二酸化炭素を取り込んでおき昼に光合成をします。

豆ちしき

サボテンの語源は？

日本にサボテンが持ち込まれたのは16世紀後半とされます。持ってきた外国人がサボテンの樹液を石けん(シャボン)として使っていたため、石けんのようなものという意味でシャボテンと呼ぶようになったのが語源といわれます。

ウチワサボテンを皿洗いに使ったとか

若いバラのトゲは緑色。成長すると茶色になる

Q なぜバラにはトゲがあるの？

A バラのトゲは、外敵の動物から身を守るため、バラが倒れないようにするためなどという説があります。トゲがあると、成長して背が高くなったバラが何かの原因で倒れたとしても、ほかの植物などにトゲが引っかかって倒れないようにすることができるわけです。茎の太さを倍近くにすることで、茎の働きを助けているともいわれます。ただ、詳しいことはまだ解明されていない点もあります。ほかにもアザミやサンショウ、ザクロやナツミカンなどトゲを持った植物は多く、中には毒のある種類もあります。

豆ちしき

小さなときからあるトゲ

バラのトゲは芽が伸びだしたとき、つまりまだ赤ちゃんのころからすでにあります。茎がまだやわらかいときにトゲを取ってしまうと、そのきずあとは治らず、茎も折れやすくなってしまいます。トゲは若い茎も守っています。

成長した茎についているトゲ

Q なぜじめじめしたところにコケが生えているの？

湿った土の上に生えるゼニゴケ。人家の近くでよく見られる

A コケ類は根や茎、葉の区別がない原始的な植物です。種子植物は根から水分を吸い込み、茎の維管束を通して体全体に運びますが、コケは必要な水や養分を体の表面全体で吸収します。そのため、水のあるじめじめした場所でしか暮らすことができません。湿地や木の根元、建物のかげになる場所などに地面を覆うように生えているのはそのためです。コケの中でも進化した仲間には、維管束のようなものがあることもありますが、種子植物を比べてみるとまだ不完全です。

豆ちしき

コケの種類が多い日本

日本は湿度が高いこともありコケの種類も多く、約 1800 種類が分布しているといわれます。木の幹や岩の表面に張りついていて、名前にコケとついた生物もいますが、これは地衣類と呼ばれ、菌類と藻類が共生したものです。

地衣類の一種でコケではない、ウメノキゴケ

Q 虫を食べる植物があるってホント？

小さなチョウやハチ、ハエを捕らえて吸収するモウセンゴケ

A ホントです。食虫植物（しょくちゅうしょくぶつ）と呼びます。食虫植物のほとんどは土の栄養分が少ない場所に生えています。光合成だけでは十分な栄養を作り出せないため、虫を食べて足りない栄養を補っています。食虫植物にはべとべとした葉に虫をくっつけるもの、大きな袋に虫を落として捕まえるもの、葉で虫を挟んでしまうものなどがあります。モウセンゴケは根元に広がった葉にべとべとした毛があります。虫が触れると毛で巻き込んで動けなくして、消化酵素を出して虫を溶かし養分を吸収します。

いろいろな食虫植物

モウセンゴケは日本の尾瀬などで見られます。袋に虫を落とす種類では東南アジアやマダガスカルなど熱帯地域に分布するウツボカズラ、挟む種類では北アメリカの湿原に生えるハエトリソウなどがよく知られています。

ウツボカズラの仲間、ネペンテス・アンプラリア

植物の観察で気をつけたいこと

植物の観察をする時に気を付けたい服装のポイントや、
あると便利な道具をご紹介。

服装

草花が生い茂る草むらや林にはどんないきものがいるのかわかりません。また、草の葉っぱトゲで傷ができたりかぶれたりすることもあります。植物を観察するときは、できる限り素肌が出ないように長袖、長ズボンがおすすめです。手袋もあるといいでしょう。

くつ

防水性のあるものがおすすめです。長ズボンの裾を入れてしまえるような長靴もいいでしょう。

かばん

両手が使えるようリュックサックや肩からかけるバッグがいいでしょう。

気をつけよう

花粉症の人は

スギやヒノキだけでなく、ブタクサなど花粉症の原因となる植物が生えていることもあるので、症状が気になる人は近づかないようにしましょう。

小さな草木に注意

大きな草木に気を取られて足元の小さな草花を踏みつけてしまわないよう、まず足元を確認してから観察をはじめましょう。

スマートフォン や デジカメ

出合った草花の写真を撮って記録しておくだけではなく、ダウンロードしておけば、花や葉っぱにかざすだけで、その植物の名前がわかる便利なアプリもあります。

ルーペや虫メガネ

肉眼とは別の世界が広がります。倍率があまり大きいと使いづらいので4～10倍ぐらいのものがおすすめ。

第3章 さんぽで出合う「昆虫と虫」のなぜ？なに？

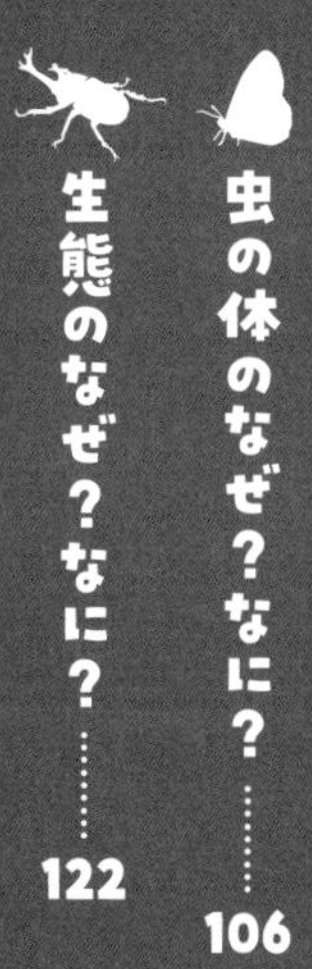

「昆虫と虫」を観察してみよう

庭の花壇にやってくるチョウのように楽しい出合いもありますが、カに刺されたり、出て欲しくない虫が台所に現れたりすることを含めて、私たちが日常最も多く接している生き物は昆虫や虫です。そのため昆虫や虫についての「なぜ？」「なに？」もたくさん生まれてきます。幸いなことに昆虫や虫は比較的簡単に捕まえることができ、詳しく観察することもできます。「なぜ？」「なに？」の答えを知ることは、人間と自然のかかわりについて学ぶ機会を与えてくれます。

昆虫を観察してみよう

クワガタを飼育して詳しい生態を観察する

自然そのままの姿で観察するのが理想ですが、彼らはその場でじっとしていてくれるわけではありません。まずは捕まえて虫かごなどに入れた状態を観察してみましょう。透明のプラスチックのケースなどに入れれば、生きた姿を間近で見ることができ、虫眼鏡などを使えば拡大した状態を観察することが可能です。そして観察が済んだら、捕まえた場所に逃がしてあげましょう。もちろんそのまま飼育することも可能です。

昆虫採集で気をつけること

●自然を荒らさない

むやみに草や枝を折ったり、花をとったりしない。木の根元を掘り返したら、必ず元に戻す。木の皮をはいだり穴をあけたりしない。できる限り自然の状態を保つようにしましょう。

●ルールを守る

捕獲が禁止されている虫は絶対にとらない。私有地に入るときは許可を得る。ごみは必ず持ち帰るなど、人に迷惑になる行為を慎みましょう。

●危険な昆虫や虫に注意する

草むらや森には危険な昆虫や虫（→ P.119）がいます。事前にどんな場所にどんな危険があるか調べておきましょう。

森で一番気をつける必要があるのがスズメバチ

昆虫を捕まえてみよう

●落とし穴トラップ

オサムシやシデムシなどの地上をはい回る昆虫を捕まえることができます。

仕掛ける場所は落ち葉が多い林のなかなど

用意するもの

・プラスチックのカップ　・シャベル
・魚肉ソーセージ　・とうがらしの粉

仕掛け方

雨水がたまらないようにカップの底から1㎝くらいのところに穴をあけ、エサのソーセージを置いたら、タヌキなどにエサを取られないようにとうがらしの粉をかけます。地面に穴を掘り、カップのふちと地面が同じ高さになるように埋めます。

●バナナトラップ

カブトムシやクワガタ、カナブンなどをバナナでおびき寄せます。

カブトムシなどの甲虫はクヌギやコナラの樹液が好物

用意するもの

・バナナ　・古いストッキング
・焼酎　・密閉保存容器

仕掛け方

バナナを皮のついたまま1cmの輪切りにして、一晩焼酎に浸して発酵させ、虫の好きなにおいを作ります。それを古いストッキングに入れて、クヌギやコナラなどの木の幹や枝につるします。

●ライトトラップ

虫が光に集まる習性（→P.138）を利用して、虫を呼び寄せます。

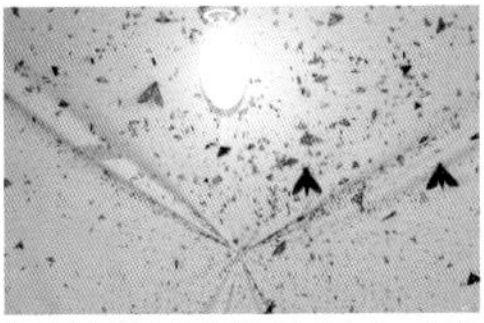

たくさん集めたければ大きなシーツに車のヘッドライトを当てるといい

用意するもの

・白いシーツ　・ロープ
・懐中電灯（LEDのものは不可→P.139）

仕掛け方

木と木の間にロープを張って、その上にシーツをかけます。シーツに光が当たるようにして懐中電灯を固定する。夏の蒸し暑い夜に虫がよく集まり、クワガタ、カミキリムシ、カメムシ、ガなどを捕まえることができます。

※設置したトラップは責任をもってかたづけよう。

角で相手を放り投げたり、角を突きつけあったりして戦う

虫の体のなぜなに

Q なぜカブトムシには角があるの？

A カブトムシは角が特徴ですが、角があるのはオスだけで、メスには角がありません。オスは樹液などをえさとします。1匹だけのときは問題ありませんが、別のオスが現れたときはえさの取り合いとなり、けんかになります。このときカブトムシのオスは角を使って戦います。また、メスの奪い合いになったときも、同じように角を使ってけんかをします。角は戦いの道具であるわけです。メスもえさの取り合いなどでけんかをすることがありますが、けんかをしかけることはないので、角はないと考えられています。

豆ちしき

たくさんいる甲虫

カブトムシのように硬い羽で体が覆われた仲間は甲虫と呼ばれます。甲虫は日本では約 9500 種類が知られていて、世界全体では約 37 万種類が記録されています。動物や植物などすべての生物の種類のうち 4 分の 1 は甲虫です。

クワガタやカナブンも甲虫に分類される

Q なぜ昆虫には触角があるの？

メスのフェロモンを察知するカイコガのオス

A 昆虫にも目や耳などの刺激を感じる器官がありますが、中でも触角はにおいを感じたり、振動を感じたりする機能があるとても重要な器官です。人は鼻の中でにおいを感じますが、昆虫の触角には細かい毛のようなものがたくさんあり、ここでにおいを感じるようになっていると考えられています。ガのオスは、メスが出すフェロモンという特別なにおいが、1㎞先からでもわかるという実験結果も出ています。また昆虫は、空気のちょっとした動きを触角で感じ、危険を察知してすばやく逃げることができます。

触角で空間を認識

最近の研究結果では、コオロギは周囲の空間がどうなっているのかを触角で認識していると考えられています。人が真っ暗な部屋で手を伸ばして周りの状況を確認するように、コオロギは触角で空間をイメージしているようです。

長い触覚をもつエンマコオロギ

虫の体のなぜなに

Q なぜ昆虫の脚は6本なの？

ハチの胸部と腹部の間がくびれているのは針を刺す際に体を曲げるため

A 昆虫の体の特徴は3つです。まず体が頭部、胸部、腹部の3つに分かれていること。次に脚が胸部から6本生えていること。最後に例外はありますが、羽が4枚あることです。昆虫の祖先はムカデのような姿をした甲殻類だと考えられています。それが進化し、たくさんあった脚は6本になりました。羽が4枚になった理由については、わかっていません。クモは体が頭胸部と腹部の2つで脚が8本あるので昆虫ではなくそのほかの虫です。虫の中に昆虫は含まれますが、昆虫ではない虫もたくさんいるわけです。

豆ちしき

全動物の約70%は昆虫

昆虫は体が硬い皮で覆われ節が組み合わさった節足動物に含まれます。地球上にいる動物は約137万種で、うち節足動物は約105万種、そこに含まれる昆虫類は約100万種です。すべての動物の約70%が昆虫ということになります。

地球の生き物の王者は昆虫！

昆虫の体

カブトムシとトンボの体のつくりは、一見すると違うように見えます。しかし、よく見ると体は頭・胸・腹からできていて、お腹側から見ると、胸には脚と羽がついています。このように昆虫の体のつくりにはきまりがあります。

体を比べてみよう

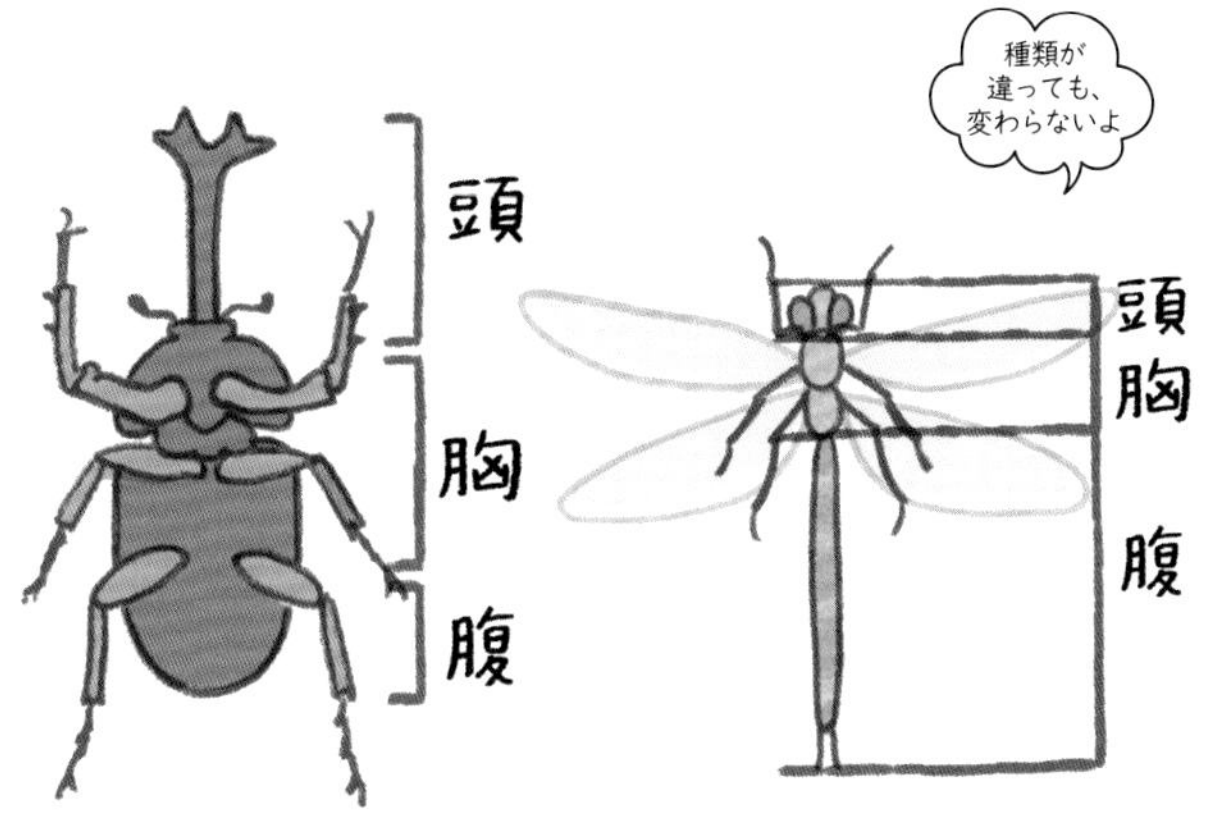

「昆虫」ではない虫!?

わたしたちが虫といっているものには、昆虫ではない虫もふくまれています。たとえば脚が８本あるクモは実は昆虫ではありません。クモの体のつくりは、昆虫とは違い、腹には節がなく、背中に羽もないのです。

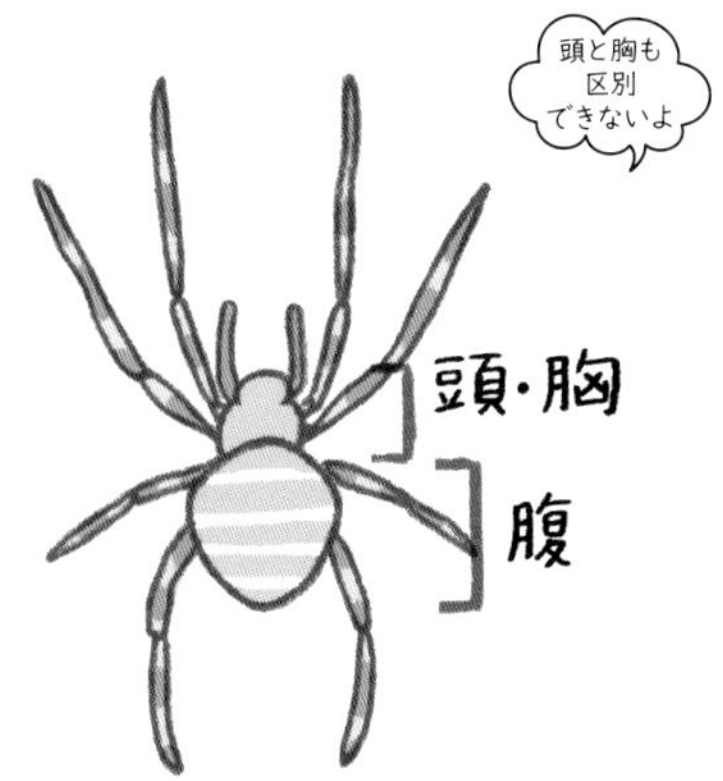

脚がたくさんある
ムカデやダンゴムシも
昆虫じゃないんだ

虫の体のなぜなに

Q なぜタマムシの体はきれいなの？

タマムシの色の仕組みはサンマやイワシなどの魚の体にも見られる

A タマムシの羽は緑色をしていますが、電子顕微鏡で見ると1㎜の1万分の1くらいのとても薄い層が20ほど重なっていることがわかります。この層に光が当たると、ある色の光が強くなったり、別の色の光が弱まったりして、いろいろな色に見えます。見る向きを変えると、目に届く色の光はさまざまに変化します。これはCDに反射する光がいろいろ変わるのと同じです。日が当たると目立つので敵から狙われそうですが、トリは色が変わるものを怖がるため、天敵のトリから身を守っていると考えられています。

豆ちしき

昔から工芸品などにも

法隆寺にある玉虫厨子という国宝の工芸品にはタマムシの羽が使われていました。また、見る角度によって色が変わることから、見方によってどのようにも解釈できるあいまいな表現のことを「玉虫色」とも表現します。

タマムシの美しい羽は死んでも色あせない

Qなぜテントウムシは水玉なの？

羽に７つの水玉があるのでナナホシテントウ

A テントウムシはトリなどの敵が近づいてくると、足の関節から黄色や赤色の液を出して死んだふりをします。この液は苦くてくさいため、トリは食べようとしても吐き出してしまいます。テントウムシは赤い色と水玉模様で自分を目立たせることで苦い虫がいることをアピールし、食べられないようにしています。テントウムシは世界に４２００種類、日本でも２００種類くらいいるとされます。水玉の数も2～28個あるものまでさまざまで、黒や茶色一色、白黒など水玉ではない模様のテントウムシもいます。

豆ちしき

テントウムシは天道虫

テントウムシは漢字で天道虫と書きます。テントウムシには光の方へ動こうとする性質があります。枝先などから、いつも太陽へ向かって飛んでいくため、天への道を示してくれる虫という意味で天道虫となったといわれます。

植物の先端に登るナミテントウ

Q 虫の幼虫はなぜへんな姿をしているの？

シャクトリムシは危険が迫ると体を伸ばして枝に擬態する

A チョウの幼虫は成虫とまったく違う姿をしています。このように幼虫から成虫になるとき違う姿になることを変態（へんたい）といいます。幼虫の仕事はたくさんえさを食べて成長し、生き残ること。体を派手な色にしたり、大きな目の模様をつけたりして、へんな姿になるのは、トリなどに襲われないようにするためです。ガの幼虫であるシャクトリムシは木の枝そっくりの姿になり敵の目をあざむきます。成虫になると子孫を残すのが仕事。効率よく相手を見つけられるよう、広い範囲を動くことができる羽をもつ体になります。

さまざまな変態がある

チョウの幼虫などは幼虫からさなぎになって成虫になります。これを完全変態といいます。バッタなどは幼虫のままさなぎにならずに成虫となり、不完全変態と呼ばれます。シミは幼虫と成虫の姿がほぼ同じで無変態と呼ばれます。

オンブバッタの幼虫（不完全変態）

ジャコウアゲハのオス。腹部からじゃ香のような香りを出す

Q チョウを触るとなぜ指に粉がつくの？

A チョウの羽をつまんだときに指につく粉は鱗粉（りんぷん）と呼びます。鱗粉とは羽の表面の毛が変化したものと考えられています。鱗粉は羽にしっかりくっついているので、簡単に取れることはありません。鱗粉の「鱗」という字はサカナなどのうろこを意味します。チョウの羽を拡大して見るとサカナのうろこのように鱗粉がびっしり並んでいます。鱗粉は水をはじくことができるので、雨が降ってもチョウの羽が濡れることはありません。また鱗粉にはひとつひとつ色がついていて、チョウの羽の色や模様をつくっています。

豆ちしき

体温を調節する働きも

暗い色の鱗粉は太陽の光を吸収して体を温め、明るい色の鱗粉は光を反射して体温が上がり過ぎるのを防ぎます。チョウは止まっているとき、羽を広げて体温の調整をしています。なお鱗粉をすべて取った羽は透明になります。

青い羽が美しいモルフォチョウ

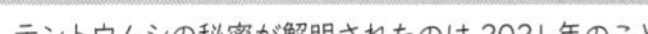

テントウムシの秘密が解明されたのは 2021 年のこと

虫の体のなぜなに

Q テントウムシはなぜツルツルのガラスに止まれるの?

A テントウムシがガラスにくっつく理由がはっきりわかったのは2021年になってからのことです。テントウムシの足の裏には細かく硬い毛があり、液が分泌されています。そのことはわかっていましたが、毛のためにくっつくのか、液の作用でくっつくのか、わかっていませんでした。最近の研究で、テントウムシは毛のおかげでくっつくことが明らかとなっています。「分子間力」と呼ばれる分子と分子が引きつけ合う力でテントウムシはガラスにも止まることができています。

人の社会にも応用

昆虫の体の構造などは人の社会のいろいろなものへ応用されています。複眼レンズがトンボの眼の構造をヒントにして作られていたり、蚊の針から痛くない注射針を作ったりと、昆虫は技術の進化にとても役立っています。

昆虫や虫の体に技術のヒントがある

身長170cmの人の20倍ジャンプは10階建てのビルに相当

Q トノサマバッタはなぜあんなに飛べるの？

A トノサマバッタは体長の20倍の約1mもジャンプすることができるといわれています。その秘密は大きな後ろ脚にあります。関節には弓のような形をしたバネのように働く部分があり、ここを大きく曲げてしならせ、一気に放すことで大きなジャンプ力を生み出しています。トノサマバッタは羽で飛ぶ力も優れています。その距離は50m以上にもなりますが、あるバッタ飛ばし大会では130mもの記録が出たそうです。日本にバッタの仲間は約450種類いますが、トノサマバッタは日本で一番重いバッタです。

豆ちしき

害虫になることも

トノサマバッタはたくさん仲間がいると体が茶色になり羽が長くなります。集団で行動するようになり習性も変わります。トノサマバッタの大群が農作物を食い荒らしながら移動する現象は、日本でも何度か記録されています。

バッタの大群は大きな被害をもたらす

Q アメンボはなぜ水の上を歩けるの?

水面に波を立てるとえさと間違えて近づいてくることも

A アメンボはとても体が軽いため水に浮かびます。また脚の構造によって水に沈むことなく移動できます。脚の先にはたくさんの細かい毛が生えていて、さらに水をはじく油性の物質を分泌しています。アメンボは中脚と後ろ脚が長く、前脚は短くなっています。水の上をすいすい歩くときは、主に中脚と後ろ脚を使って体を支えつつ、中脚を動かしています。また脚には水面の揺れを感じることができる毛も生えています。エサとなる虫が水に落ちたときは、水面の揺れ方で虫の位置を知ることができます。

いろいろなアメンボ

アメンボは飴のようなにおいがすることから名づけられたという説があります。アメンボはカメムシの仲間です。池や田んぼなどにすむ種類だけではなく、山あいの渓流で生息する種類や沿岸で生息する種類なども存在しています。

カメムシは臭いにおいを出す

Q なぜホタルは光るの？

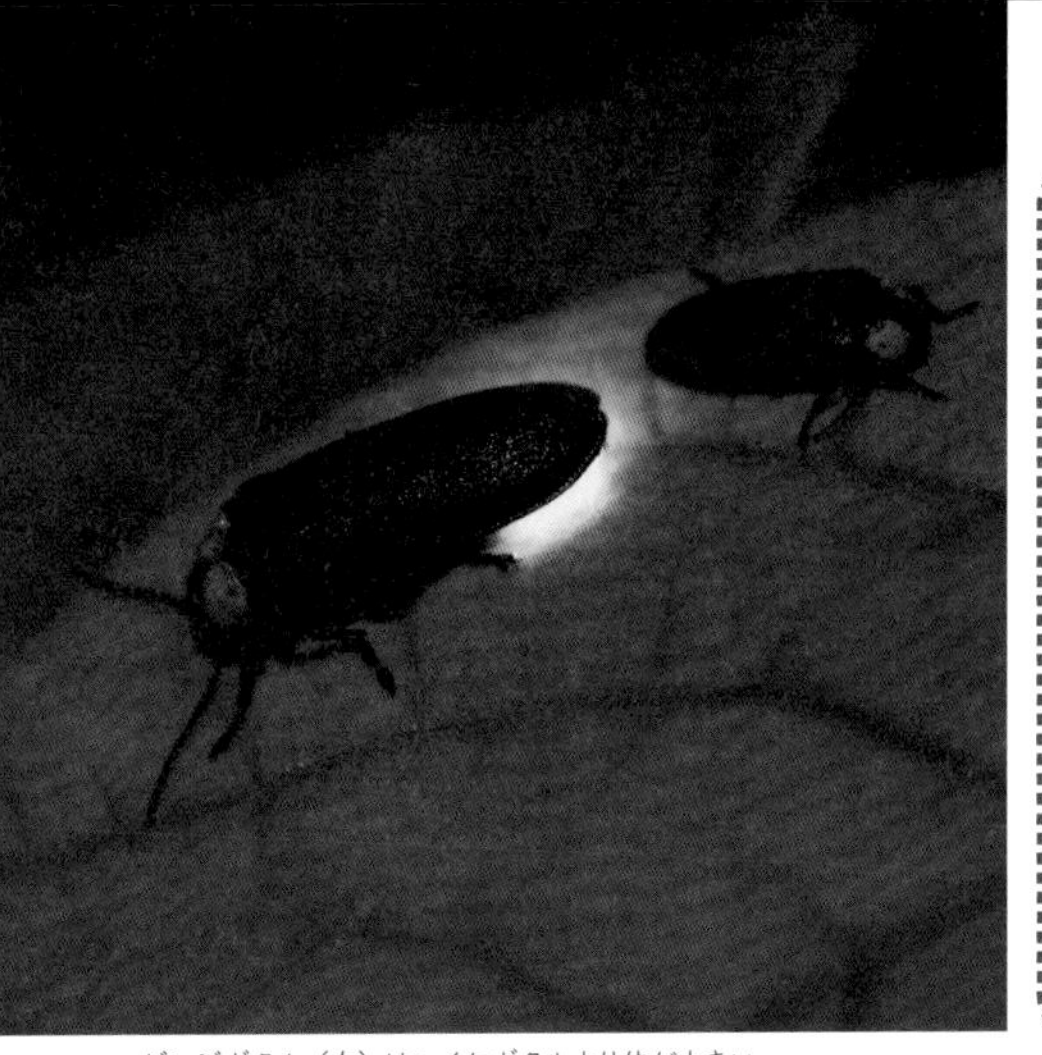

ゲンジボタル（左）はヘイケボタルより体が大きい

A ホタルのおしりに近い場所に発光器というものがあります。ここにはルシフェリンという物質があり、これがルシフェラーゼという酵素と反応すると光ります。ホタルが光るのは仲間とコミュニケーションをとったり、敵を驚かせるためといわれています。オスは強く、メスは弱く光ります。日本には50種類ほどのホタルがいて、特にゲンジボタルとヘイケボタルが光るホタルとして知られています。実は成虫が光るホタルは3分の1ほどで少数派です。しかし、卵や幼虫、さなぎはほとんどの種類のホタルが光ります。

豆ちしき

ゲンジとヘイケの違い

ゲンジボタルは日本の固有種で、光り方は強く1分間に25～30回点滅します。ヘイケボタルは中国やロシアなどの外国にもいて、光り方は弱く1分間に30～40回点滅します。どちらも幼虫は水中で貝を食べて成長します。

ゲンジボタルの幼虫時期のえさ、川にすむカワニナ

チャドクガの幼虫。卵から成虫までの全期間で毒針をまとっている

虫の体のなぜなに

Q なぜ毛虫に触ってはいけないの？

A 毒がない毛虫も多いのですが、中には毒をもっている毛虫もいるので注意が必要です。毛虫の毒は数種類あり、強いかゆみをともなったり、痛みを感じたりします。毒をもつ代表的な毛虫にチャドクガがいます。庭や公園でもよく見られるツバキに発生することが多いので、ツバキの茂みがあった場合は気をつけなければなりません。チャドクガの毒に触れると、強いかゆみのある皮膚炎を発症します。そのほか、マツ類に発生するマツカレハ、タケやササに発生するタケノホソクロバなどが代表的な毒のある毛虫です。

触ってしまった場合は

毒のある毛虫に触ってしまった場合は、患部を流水で洗い流し触らないようにして、皮膚科を受診するのが理想的です。チャドクガには長さ0.1㎜ほどの毒のある毛があるので触ると皮膚に食い込み、かゆみがぶり返します。

成虫も毒をもつチャドクガ

触っちゃダメ！危ない虫

たくさんの種類がいる虫や昆虫のうち、人に害を与える危険なものは全体から見ればごくわずかです。ただスズメバチのように、刺されたショックで命にかかわることもある危険な虫もいるので、特に注意が必要な虫を覚えておきましょう。同じ種類の昆虫でも毒をもたないものがいたり、成虫になると無毒になるものもいたりしますが、どんな虫でも安易に触らないことが大切です。

刺す・かゆくなる

⚠危険度★★★★★

オオスズメバチ

大きな毒針で大量の毒液を送り込む。巣が大きくなる8～11月に攻撃性が高まる。

⚠危険度★★★

ヒロヘリアオイラガ

幼虫にはサボテンのようなとげの生えた突起があり、触れると激痛が走る。

⚠危険度★★★

ドクガ

毒針毛をもつ幼虫のみが毒をもつが、成虫の体にも毛は残り刺さるとかゆい。

毒を出す・かぶれる

⚠危険度★★★

アオバアリガタハネカクシ

触ると水ぶくれのような炎症をおこす。卵・幼虫・さなぎ・成虫ともに毒を持つ。

⚠危険度★★★

マメハンミョウ

体内に猛毒のカンタリジンをもち、体につくとやけどのように皮膚がただれる。

刺さないよ！

濡れ衣のユスリカ

⚠危険度 なし

見た目がカに近いために、敬遠されてしまう虫もいます。夕方などに蚊柱をつくるユスリカは、人の血を吸うことはありません。幼虫期には水中で有機物を食べ、汚染された水辺の浄化を助けています。

虫の体のなぜなに

Q カマキリのお腹はなぜぷっくりしているの？

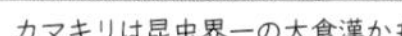
カマキリは昆虫界一の大食漢かも

A カマキリのお腹の側面は蛇腹状に広がるようになっていて、大きなえさも食べることができます。お腹がいっぱいになってふくれる昆虫の種類はほかにはあまり見られません。これはカマキリの特徴です。お腹がふくらんでいないカマキリは空腹の状態だといえます。なお、メスの場合はお腹に卵が入っているため、ふくらんでいることがあります。また、ハリガネムシという寄生虫が体の中にいる場合もあります。ハリガネムシはカマキリのお腹の中で成長し、大きくなると水の中へと出ていきます。

メスに食べられるオス

体の小さいオスが体の大きいメスに共食いされてしまうことがあります。メスは自分より小さいものをえさとする習性があるため共食いが行われると考えられていますが、オスの体が卵の栄養となっているという説もあります。

オスを捕食するハラビロカマキリのメス

網の中心でじっとするナガコガネグモ。獲物が網にかかった振動に反応する

Q クモはなぜ自分が張った網に引っかからないの？

A クモが張る網は2種類の糸でできています。外の枠や内側から外側へ向かうたて糸とうずを巻くように張られたよこ糸です。ねばねばしている糸はよこ糸です。糸はたんぱく質でできていて、太さは0・005㎜しかありませんがとても丈夫です。クモはたて糸の上だけを移動するので網には引っかかりません。またクモの脚から油が出ていて、よこ糸に触れてもくっつかないといわれています。もしついても脚の毛が触れるだけで済み、その毛を引き抜くように動かすため、引っかからないようです。

豆ちしき

ファーブルも調べたクモ

『昆虫記』で有名なファーブルも、クモが自分の網に引っかからない理由を探っています。ファーブルはクモの脚の油が理由だと考え、クモの脚を揮発油できれいに洗ったところ、よこ糸にくっつくようになったと書いています。

たて糸だけつかんで移動する

Q 昆虫は何を食べているの？

トンボを捕食したハラビロカマキリ。カマキリは獰猛なハンター

A 昆虫は種類によって食べるものが違います。バッタの仲間はおもに植物を食べますが、カマキリは虫や小さな動物を食べます。前者を草食、後者を肉食と呼びます。どちらも食べるゴキブリのような雑食の昆虫もいます。そのほかにも、腐ったものを食べる昆虫、きのこなどの菌類を食べる昆虫などもいます。また、幼虫と成虫で食べるものが変わる昆虫もいます。カブトムシの幼虫は腐った葉や木を食べ、成虫になると樹液を食べます。ある種のアブの幼虫はアブラムシを食べますが、成虫は花の蜜を吸います。

仲間でも違いがいろいろ

カブトムシは樹液を食べますが、仲間がみんな同じというわけではありません。コカブトムシはミミズやイモムシを食べる肉食のカブトムシです。肉食のバッタの仲間もいます。同じ仲間の昆虫でも草食か肉食かはいろいろ違います。

肉食のコカブトムシは樹液には集まらない

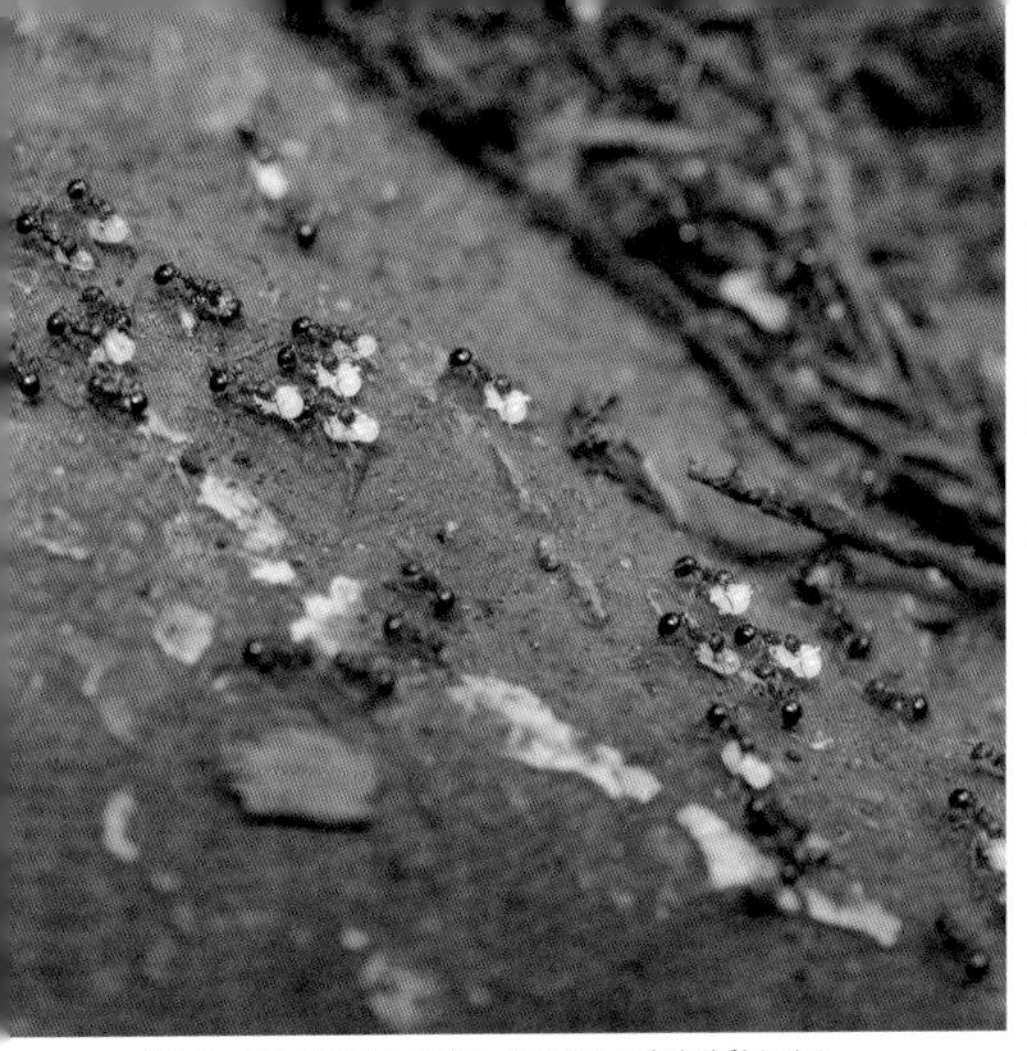

巣を引っ越し中のアミメアリ。列をなして卵を移動させる

Q なぜアリは行列を作るの？

A アリはハチの仲間で世界には1万1000種類ほど、日本には280種類ほどいるといわれます。アリが行列を作っているのは、お腹からにおいのある化学物質を出しているためです。この物質をフェロモンといいます。1匹ではは持ち帰れない大きなえさを見つけたアリは、フェロモンを出しながら巣に帰り、仲間たちと一緒にフェロモンのにおいをたどってえさの場所へ向かいます。においは数分で消えますが、それぞれのアリがフェロモンを出すので、においはどんどん強くなり、消えることはありません。

豆ちしき

いろいろなフェロモン

アリは敵に襲われると、仲間に知らせるため警報フェロモンを出します。ほかの昆虫もフェロモンを出します。ゴキブリなどは仲間を集める集合フェロモンを出します。卵を産む季節にフェロモンを活用する昆虫はたくさんいます。

尾から道しるべフェロモンを出して大行列を作るハキリアリ

Q 昼活動する昆虫と夜活動する昆虫がいるのはなぜ？

昼行性のモンシロチョウ（上）と、夜行性のクロクモエダシャク

A 多くの昆虫は昼に活動していますが、夜に活動する昆虫もいます。昼活動するのを昼行性（ちゅうこうせい）、夜活動するのを夜行性（やこうせい）といいます。昼行性の昆虫が多いのは、昼に花を咲かせる植物が多いこととも関係しています。チョウはガから分かれた昆虫ですが、夜行性が多いガの中から、豊富な花の蜜を求めて昼行性へと進化したのがチョウだとされます。昼行性の昆虫はさまざまな工夫で敵の目から逃れようとしています。夜行性の昆虫は敵の多い昼を避けて夜に活動しています。

敵の少ない夜に活動

夜行性の虫は昼間は物陰などで眠り、夜に活動します。ゴキブリは人が寝静まった夜にえさを探します。ホタルは夜に光を放ってパートナーを探します。まったく敵がいないわけではないものの、虫にとって夜は昼より安全です。

メスも光るが光りながら飛んでいるのはほとんどオス

夜クヌギやコナラなどの樹液を吸いにやってくるカブトムシ

Q カブトムシやクワガタはなぜ夜行性なの？

A カブトムシやクワガタが夜行性である理由のひとつは、トリなどの敵が多い昼を避けるためです。次に考えられるのは暑さから逃れるためです。カブトムシやクワガタは変温動物なので、暑いところにいると体温が上がってしまいます。どちらも多くの種類が黒い体をしているので太陽の光を吸収しやすく、昼間に活動するとすぐに体温が上がってしまいます。もうひとつ、えさとしている木の樹液が夜の方が出るためという説もあります。夜行性になるか昼行性になるかは、えさの環境も大きく関わっています。

昼行性のカブトムシ

シマトネリコという植物に集まるカブトムシは昼間も活動するということが最近わかりました。これはカブトムシは夜行性であるという常識を覆す発見として注目されています。この調査をしたのは小学6年生でした。

シマトネリコに集まる、日中に活動するカブトムシ

生態のなぜなに

Q なぜ秋に鳴く虫がたくさんいるの？

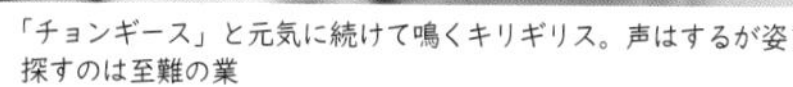
「チョンギース」と元気に続けて鳴くキリギリス。声はするが姿を探すのは至難の業

A 秋になるといろいろな虫が鳴きます。鳴くのはオスだけです。虫が鳴くのはコミュニケーションを取ったり、縄張りを宣言したりするためですが、秋に鳴くのはオスがメスにプロポーズするためです。夏はカエルやヘビなどの敵が多いので、多くの種は求愛活動を秋に始めます。オスとメスが結ばれるとメスは卵を産みます。卵の姿で冬を越し、翌年に羽化します。「チョンギース」と鳴くキリギリスや「チンチロリン」と鳴くマツムシなど、鳴く虫は多く、その鳴き声の違いでどの種類か聞き分けることができます。

鳴き声を楽しむ日本人

日本では秋の虫の鳴き声は風流なものと考えられ、楽しむ人が数多くいますが、西洋の人たちにとっては雑音にしか聞こえないといわれます。音をとらえる脳の仕組みが西洋人と日本人では異なっているからだという研究もあります。

羽を震わせて鳴くスズムシ。鳴き声は人間の声よりも高い

Q スズムシはどうしてあんなにきれいな声で鳴くの？

A スズムシは鈴虫と書くように鈴のようにきれいな鳴き声をしています。鳴き声といっても、声を出しているわけではありません。スズムシは羽をこすって音を出しています。右の前羽にやすり器、左の前羽にまさつ器という部分があり、ここをこすりあわせて音を出します。さらに、羽の真ん中は発音鏡（はつおんきょう）という薄くて硬い共鳴板のようになっていて、音を大きくすることができます。このの発音鏡があるためスズムシの鳴き声はきれいに聞こえるようです。

豆ちしき

スズムシの一生

スズムシは6月上旬に卵からかえり、2ヵ月の幼虫期間を経て成虫になりますが、10月下旬には短い一生を終えます。メスが産んだ卵はそのまま冬を越して6月上旬にかえります。スズムシはさなぎにならない不完全変態の昆虫です。

羽化直後の羽の白いスズムシ

生態のなぜなに

Q 昆虫は冬にはどこいっちゃうの？

水の中で冬越しするオニヤンマのヤゴ。生きたえさしか食べない

A 昆虫は変温動物（へんおんどうぶつ）なので、人のように体温の調整がうまくできません。寒い冬の間、ほとんどの昆虫は活動を停止して冬を越します。多くのコオロギやバッタは土の中に産みつけられた卵の姿で冬を越します。カマキリのように木の枝に作った泡の中に卵を産みつける虫もいます。カブトムシなどは幼虫が土の中で冬を越します。トンボはヤゴという幼虫の姿で水中で冬を越します。チョウなどはさなぎの状態で冬を越します。テントウムシ、ハチ、アリなどは成虫の姿のままで冬を越します。

家の周りで冬を越す

庭の花や木などで冬を越す虫も多くいます。春になり幼虫や成虫になると花や木の害となる虫もいるので、冬の間に卵やさなぎを取り除く必要があります。あたたかい家の壁や家の中に入り込む虫にも気をつけなければなりません。

木の隙間で越冬するテントウムシ

虫の越冬

多くの昆虫は、卵、幼虫、さなぎ、成虫と、いろいろな姿で冬を過ごします。寒さのしのぎかたを、観察してみましょう。

冬越しの姿は決まっている！

卵で

カマキリ、コオロギ、多くのバッタなどは卵で冬を越し、翌春にふ化します。カマキリの産卵は10月頃。卵を守るやわらかい泡が冬には固く丈夫になります。

ハラビロカマキリの卵鞘（らんしょう）

幼虫で

日本の国蝶オオムラサキの幼虫は、秋までにエノキの葉をたくさん食べ、エノキの根元の枯れ葉の裏で、春になるまでじっと越冬します。

オオムラサキの幼虫

さなぎで

春になると花畑で見かけるモンシロチョウや、多くのアゲハチョウは、葉の落ちた枝などでさなぎになり、冬を越します。

キアゲハのさなぎ

成虫で

キイロスズメバチはかれ木の下、ハンミョウは土の中、水温の安定した水中には、トンボのヤゴやゲンゴロウが流れのゆるやかな場所に固まっています。

水中で越冬するゲンゴロウ

冬に活動する元気な虫

冬の雑木林で飛びまわる昆虫の代表が、フユシャクというガの仲間。寒い時期に羽化して成虫になって出てきます。これは、天敵の少ない時期を選ぶように進化してきたからなのかもしれません。

Q なぜホタルはきれいな水のそばにしかいないの？

ゲンジボタル。成虫になると水分をとるだけでエサは食べない

A 日本を代表するゲンジボタルとヘイケボタルでは、幼虫が過ごす環境は違います。ゲンジボタルはきれいな水の川で育ちますが、ヘイケボタルはそれほどきれいでない沼などでも育ちます。ゲンジボタルの幼虫はカワニナという巻貝しか食べませんが、ヘイケボタルの幼虫は巻貝ならなんでも食べます。ホタルがきれいな水のそばにしかいないというのは、日本固有のゲンジボタルに当てはまる条件です。ゲンジボタルの幼虫は、きれいな水でカワニナがいる場所でしか生息せず、さらに暗く静かなところを好みます。

豆ちしき

ゲンジとヘイケの幼虫

きれいな水で育つゲンジボタルの幼虫は、夏に卵からかえり、翌年の春に成虫になるまで約９ヵ月を水中で過ごし、この間約５回脱皮します。ヘイケボタルの幼虫は10ヵ月を水中で過ごし、成虫になるまでに４回脱皮をします。

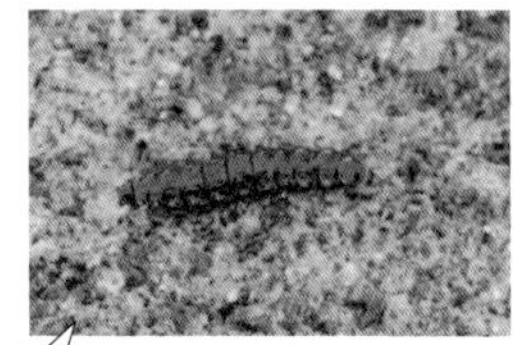
肉食のゲンジボタルの幼虫

デング熱などの感染症を媒介するヒトスジシマカ

Q なぜカは血を吸うの？

A 日本には約100種類のカがいて、このうち動物の血を吸うカは約20種類です。血を吸うのはメスだけです。ふだんのエネルギーは、オスもメスも花の蜜や樹液を食べて得ています。メスは卵を産むときだけ動物の血を吸い、たんぱく質などの栄養素を取り入れます。多くのカは人よりもトリやウシなどほかの動物の血を吸います。カの種類によって血を吸う時間帯は異なります。ヤブカは昼間に血を吸いますが、アカイエカなどは夜に血を吸います。カは人が吐き出す二酸化炭素や体温を感じて人を見つけます。

豆ちしき

カの幼虫はボウフラ

カのメスは小さな池や田んぼ、ドブなどの水中や水面に卵を産みます。カの幼虫はボウフラと呼ばれます。ボウフラはプランクトンなどを食べます。水中にもぐり続けることはできず、お腹の先を水面から出して呼吸をします。

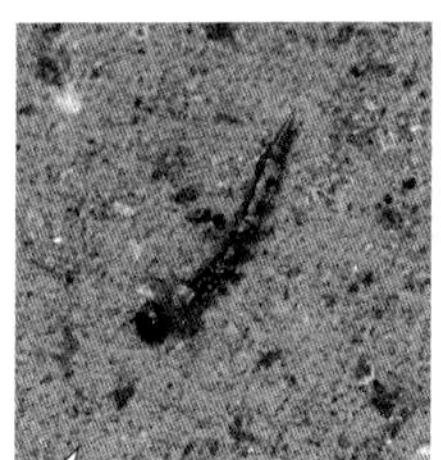
カの幼虫ボウフラは水の中で成長する

Q なぜ小さい虫って人間の周りにぶんぶん寄ってくるの？

人の目に飛び込んでくることもあるヒゲブトコバエ

A 人に寄ってくる虫はコバエの仲間だと考えられます。コバエはショウジョウバエやノミバエ、チョウバエ、キノコバエなどの総称です。中でも特に人の顔の周りに寄ってくるヒゲブトコバエが狙っているのは、人の涙や目の水分だと言われます。コバエにとって涙は栄養価のとても高い水分なので、近づいてなめようとしているわけです。ウシやウマの目の周りにコバエが集まっている光景を見たことがあるかもしれませんが、これも同じく涙や目の水分を奪おうとしています。

豆ちしき

コバエへの対処方法は？

涙のほかにも、人が吐き出す二酸化炭素に引かれてコバエは近づいてくるともいわれます。コバエへの基本的な対処方法は、生ごみのある台所、湿気の多い洗面所や浴室をきれいに保つことです。観葉植物にもコバエは集まります。

観葉植物に集まるコバエ

ニイニイゼミの抜け殻。背中が割れて成虫が出てくる

Q 中身のいないセミみたいの、何？

A それはセミの抜け殻です。セミは幼虫から成虫になるまで何度か脱皮します。しかし、幼虫は土の中にいるので、土の中で脱皮したあとの抜け殻は見つけられません。人が見つけられるセミの抜け殻は、幼虫が地面から出てきて木などに上がり、最後の脱皮をしたあとのものです。抜け殻はセミによって大きさが違います。大きいものはアブラゼミやミンミンゼミなど、小さいものはニイニイゼミ、ヒグラシなどです。抜け殻を観察すると、背中が盛り上がっているのがクマゼミなど、特徴の違いからセミの種類がわかります。

豆ちしき

オスとメスの違いも

アブラゼミとミンミンゼミの抜け殻は似ていて見分けるのが難しいですが、触角の長さや太さの違いで見分けます。おしりの部分を見ると、オスは何もなくメスはたての切れ目があるため、オスとメスを見分けることができます。

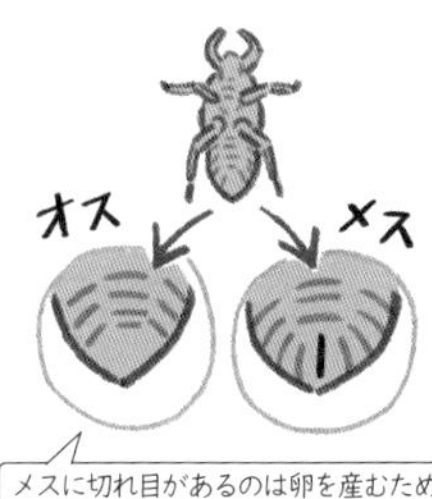

メスに切れ目があるのは卵を産むため

Q なぜセミは夜に羽化するの？

アブラゼミの羽化。羽化したばかりは白でだんだん色がついてくる

A セミの幼虫が土の中から出てきて木の上などに上がり、成虫になるための最後の脱皮をすることを羽化（うか）といいます。羽化が行われるのは夕方以降の暗くなった時間帯です。羽化している間は敵から狙われやすいので、昼間は避けています。羽化は1時間ほどかけて行われます。羽化したばかりのセミは白いですが、だんだんと色がついてきて飛べるようになります。セミは抜け殻があるため完全変態と思われがちですが、抜け殻は完全変態で必要なさなぎではなく幼虫の抜け殻なので、不完全変態の昆虫です。

豆ちしき

セミが羽化する場所は？

羽化する場所は地面より高く、足場がしっかりしたところです。高さは地面から40～60cmがほとんどといわれます。木の幹とは限らず、粗いロープや植え込み、しっかりと立った草でも、条件が合えば羽化することがあります。

羽化場所を探して穴から出るアブラゼミの幼虫

体をつつかれたり、急に強い光を当てられたりすると丸くなる

Q ダンゴムシはなぜまるまるの？

A ダンゴムシはムシとついていますが昆虫ではありません。エビやカニと同じ甲殻類（こうかくるい）の仲間になります。世界には３５００種類以上、日本には１５０種類ほどいます。足の数は14本です。ダンゴムシはまさに団子のように丸くなります。敵に襲われたときに、硬い背中を丸めて、やわらかいお腹を守っています。ダンゴムシの仲間で姿が似ているワラジムシはダンゴムシのように丸くなることはできませんが、素早く動け、特別なにおいを出して仲間に危険を知らせることもできます。

豆ちしき

落ち葉を分解する働きも

ダンゴムシは暗くじめじめした場所にいます。落ち葉や昆虫の死骸、新聞紙などの紙も食べますが、落ち葉などはダンゴムシに分解されてフンとなり、そのフンは微生物が食べて土となります。その土は植物の栄養源となります。

湿った落ち葉を食べるダンゴムシ

Q チョウとガって、何が違うの?

羽を開いているオオミズアオ(左)と羽を閉じているアオスジアゲハ(右)

A チョウとガは鱗翅目(りんしもく)と呼ばれる同じ仲間です。世界で鱗翅目の昆虫は約15万種類が知られていますが、そのうち9割以上がガの仲間とされます。一般的にチョウとガの違いはチョウが昼行性でガが夜行性のほか、チョウは羽を立てて閉じた状態で休みますが、ガは羽をおろし水平に開いた状態で休みます。触角の形は、チョウが棒のようで先端がふくらんでいますが、ガは櫛(くし)の歯のようになっています。しかし、この違いには例外が多く、チョウとガをはっきりと区別することは、実はできないとされています。

昼行性のガは派手

ガはチョウと同じようにストロー状の口をしていて、花の蜜や果実の汁などを吸います。ガはほとんどが夜行性ですが昼行性のガもいます。ガは地味な色が多いのですが、昼行性のガは派手な色をしているものが多いです。

マドガは北海道から九州まで分布する代表的な昼行性のガ

枝に止まるトンボが逆立ちしているみたいな姿なのはなぜ？

逆立ちするショウジョウトンボが見られるのは昼間だけ

A

世界には約6000種類、日本には約220種類のトンボがいます。トンボは4枚の羽があり、前羽と後ろ羽を互い違いに打ち下ろしながら、高速で空中を自由に飛んだり、一定の場所で止まったりすることができます。しかし、トンボは暑さが苦手です。

夏の暑い日に木の枝の先などに、尻尾を上げて逆立ちのようなかっこうで止まっているトンボは暑さ対策をしています。尻尾を太陽の方向に向けることで、できるだけ体に日光が当たらないようにしているわけです。この逆立ちはオベリスク姿勢と呼ばれます。

豆ちしき

日本はトンボの国

日本にいるトンボの種類はヨーロッパ全土よりも多いといわれます。古代の日本は秋津洲（あきつしま）と呼ばれました。秋津とはトンボのことです。武士の間ではトンボは勝利のシンボルとして縁起が良いとされていました。

電球に集まるガ。LED ライトには虫は集まらない

生態のなぜなに

Q なぜ夜、電灯やライトに虫が集まるの?

A 夜、虫が電灯などの明かりに近づくのは、電灯を月だと捉えているからです。夜に活動する虫は月を目印にして飛んでいます。正確にいうと、月明かりの紫外線を見て飛んでいます。この紫外線は人の目には見えません。多くの虫には走光性(そうこうせい)という習性があります。走性とは、ある刺激に向かっていく性質、または離れていく性質のことです。光に向かっていく性質を正の走光性、離れる性質を負の走光性と呼びます。夜、明かりに集まる虫は、光(紫外線)への正の走光性の性質を持っています。

豆ちしき

走性がある理由

虫が走性を持っているのは、敵から身を守ったり生存率を高めるためです。特別なにおいのフェロモンなど化学物質に関する走性は走化性といいます。オスとメスが引き合い子孫を残すのは走化性のためです。

メスが発する化学物質に誘引されるカイコガ

LEDと従来照明の違い

最近の街灯には虫が集まっていないことに気が付いていますか？ これは街灯に使われていた蛍光灯や白熱灯が LED の電球に取り換えられているからです。

電球の特徴を比較

LED

蛍光灯

白熱灯

光る部分の形が違う！

光るしくみは？

LED：電気が流れると、発光ダイオードと呼ばれる半導体が発光。

蛍光灯：蛍光管が電気を流すことによって発光。

白熱灯：フィラメントという細い線が通電によって熱くなると光る。

使う電気の量は？

LED	蛍光灯	白熱灯
9.4w	12w	60w

明るさをそろえて使う電気の量を測ると、LED が一番少ない w（ワット）数で発光することができます。

長持ちするのはどれ？

LED	蛍光灯	白熱灯
約 40000 時間	約 6000 時間	約 1000 時間

発光寿命のトップは LED。その分値段も高くなりますが、メンテナンス回数が減らせる LED は省エネにもなるのです。

LED 電球には虫が寄ってきにくい！

一般に使われる LED 電球には、虫があまり寄ってこないというメリットも。虫は光に含まれる紫外線に集まるため、紫外線量が少ない LED には虫が集まりにくいのです。

キャンプにもいいね！

生態のなぜなに

Q なぜスズメバチは人を襲うの？

オオスズメバチ。羽やアゴから音を出して威嚇する

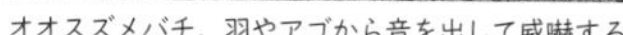

A 一部のハチは女王バチを中心として集団生活を営んでおり、社会性昆虫と呼ばれます。スズメバチが人を襲うのは巣にいる女王バチや幼虫を守るためです。巣から10mの範囲内に人が近づくと、スズメバチはまず2、3匹が人の様子を見にいき、人に対して大きな羽音などで警告します。手ではらったりすると敵だと判断し、においを出して仲間に知らせます。そうすると、巣から応援のハチがやってきて、一斉に人を攻撃することになります。スズメバチ以外にも、同様の理由で危険な昆虫がいます。

豆ちしき

都市にもスズメバチが

最近は都市でもスズメバチに刺される事故が増えています。スズメバチには都会で暮らせる種類もいます。家の軒下などに巣を作り、人とスズメバチの距離は近くなっています。毎年30～40人が刺されて命を落としています。

軒下にできたキイロスズメバチの巣

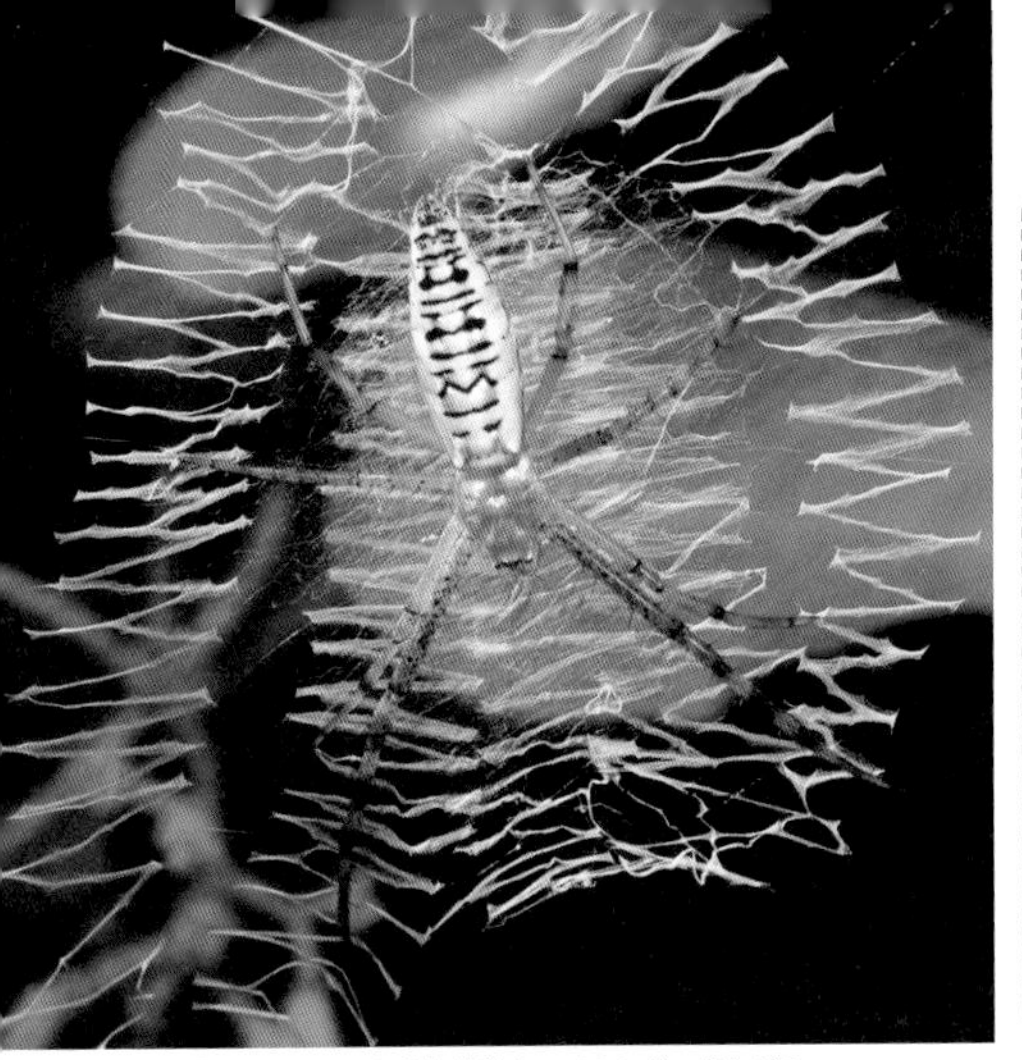

網に「隠れ帯」という装飾模様をつけるナガコガネグモ

Q クモの巣ってどうやってできるの？

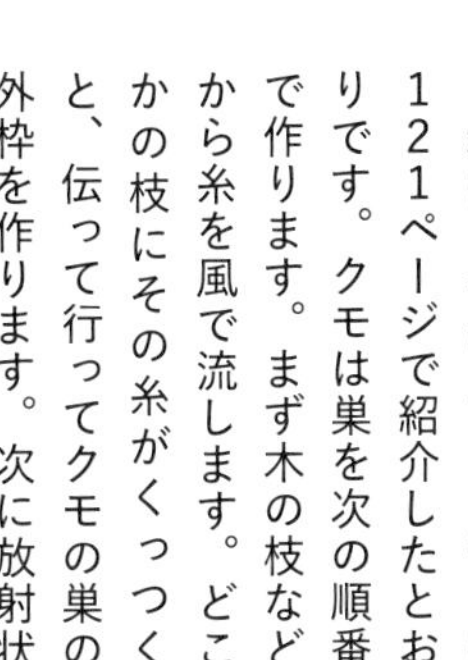

A クモの糸がよこ糸だけねばねばしていることなどは121ページで紹介したとおりです。クモは巣を次の順番で作ります。まず木の枝などから糸を風で流します。どこかの枝にその糸がくっつくと、伝って行ってクモの巣の外枠を作ります。次に放射状にたて糸を張って網の骨組みを作ります。そして最後に、中心からうず巻き状によこ糸を張って完成させます。クモの種類によって巣の形は違います。ハンモックのようなものや扇形をしたもの、扉がついたトンネルのような形のものもあります。

豆ちしき

水中に巣を作るクモ

水中にすむミズグモは、水の中に糸で作った網を張ります。この中に、脚や毛に空気をつけて何度も運び、水中に作った網の中に空気をためていきます。こうして水中の巣に空気室を完成させて、ここで生活をしています。

水中で生活するミズグモ

Q アリの巣ってどうなっているの？

巣から顔を出すクロオオアリの女王アリ

A ほとんどのアリは土の中に巣を作ります。土の中は一年中温度が安定していて、敵からも身を守れるためです。地下30cmほどの深さまで巣穴を掘るアリが多いですが、2〜3mまで掘るアリもいます。土の中は深いほど夏は涼しく、冬は暖かです。巣の中には、えさを保存しておく部屋、幼虫の部屋、さなぎの部屋などがあり、奥には女王アリの部屋があります。アリの中には土以外の場所に巣を作る種類もいます。木の穴に巣を作るアリやコンクリートの割れ目に巣を作るアリのほか、巣を作らないアリもいます。

超巨大な巣で暮らすアリ

エゾアカヤマアリはたくさんの女王アリがいるアリで大きな集団ですんでいます。北海道の石狩平野では4万5000もの巣がつながっているのが発見され、中には100万匹の女王アリと3億匹の働きアリがいたと報告されています。

なぜ死んだ虫はひっくり返っているの？

スズメバチの死骸。刺激が加わると針が飛び出るので注意

A 虫が死ぬとひっくり返る大きな理由は、虫の重心が体の上の方にあるためです。ふだん虫はうつ伏せの状態でいますが、これは脚の力が強いためだと考えられます。また体重が軽いことも理由のひとつとなっています。虫は体重のわりに脚の力が強いので、垂直に張りついたり、天井に逆さに張りついたりすることができます。死んでしまうと、当然脚で体を支えることができなくなるため、ひっくり返った姿になってしまいます。ただし、まったく風がない場所では、うつ伏せのまま死ぬこともあります。

豆ちしき

突然動き出すことも

セミがひっくり返っていて、死んでいるものだと思って近づくと、突然飛びたって驚くことがあります。本当に死んでいるかどうかは、脚が閉じているか確認するとわかります。脚が閉じていれば死んでいる可能性が高いです。

アブラゼミの死骸。足が閉じている

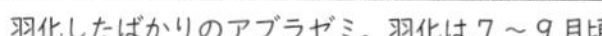
羽化したばかりのアブラゼミ。羽化は7～9月頃

生態のなぜなに

Q なぜセミはすぐに死んでしまうの？

A

「セミの寿命は短い」と聞いたことはありませんか？しかし、セミの一生は短いわけではありません。セミの卵は木に産みつけられます。種類にもよりますが、卵はそのまま冬を越し、次の年の6月頃かえって幼虫は地面に落ち、土の中へ潜ります。セミは幼虫の期間が長く、10年以上幼虫のままで過ごすセミもいます。成長した幼虫が地上に出て、羽化して成虫のセミとなります。成虫のセミの体は、オスは飛ぶことと鳴くことだけ、メスは飛ぶことと卵を産むことだけを役割としたつくりとなっています。

大発生するセミ

セミには一定の周期で大発生する種類がいます。北米には13年ごとか17年ごとのいずれかの周期で大発生するセミがいます。このようなセミは何年かの周期に大発生することで、敵から襲われにくくしていると考えられています。

17年周期で大量発生する北米の周期ゼミ

寿命の短い虫、長い虫

与えられた寿命を全うし、子孫を残そうと奮闘しながら一生を終える昆虫。力強く生きるその生態をのぞいてみましょう。

身近にいる寿命の短い虫

1ヵ月

セイヨウミツバチ

働きバチや雄バチの寿命は短く、働かない雄バチは巣から追われて餓死することも。

2〜3ヵ月

テントウムシ

大集団で冬越しをするのは、温度を安定させ生きのびやすくするため。

3〜4ヵ月

チャバネゴキブリ

オスよりもメスの方が寿命は長め。メスは20〜30個の卵が入った卵鞘を数回産む。

身近にいる寿命の長い虫

3〜5年

オオクワガタ

クワガタの中でも頑丈かつ長寿。成虫として2〜3年も活動し、越冬する。

5年

アブラゼミ

成虫となった地上でのわずか2〜3週間の間に、交尾をして子孫を残す。

5年

オニヤンマ

約5年もの幼虫期を生き抜くため、ヤゴは水中環境に敏感。成虫期は1〜2ヵ月。

成虫の寿命が1時間!?

カゲロウには成虫の寿命がわずか1時間という種類がいます。成虫は口がなくえさをとることがないため、寝食を忘れて子孫を残すことだけに集中します。

100年生きるシロアリの女王

オーストラリアに生息するナスティテルメス・シロアリの女王は、成虫になってから約100年も長生きするという説があります。生涯産卵に専念し、その数は約50億個ともいわれます。

Q 生垣のバラの枝にいっぱいいるアブラムシはどこから来てどこへ行くの？

バラに集まるアブラムシ。柔らかい新芽や葉の裏を好む

A アブラムシは春に卵からかえりますが、このときの幼虫はすべてメスで、羽がありません。メスはオスがいなくても、体内で卵をかえすことができます。メスだけの集団がえさを食べつくすと、今度は羽のあるメスを産みます。羽のあるメスは別の植物に飛んでいきます。秋になると、今度は羽のあるオスを産みます。オスとメスは交尾をして、メスは卵を産み、この卵で冬を越します。えさがあるときは羽がなく、えさが少なくなると羽のあるアブラムシが産まれて、別の植物へと移っていきます。

豆ちしき

害虫のアブラムシ

アブラムシは植物の液を吸収する害虫です。寄生されると植物は元気をなくしてしまいます。羽のあるアブラムシは病気を運ぶので、羽のないアブラムシより危険です。好みの植物を飛び回り、病気を広げてしまいます。

クロヤマアリはアブラムシの出す蜜をもらう見返りに外敵から保護する

結婚飛行に飛び立つ前のクロオオアリの女王アリ

Q 働きアリはなぜメスなの？ オスは何をしているの？

A アリの社会は女王アリと働きアリで構成されています。働きアリはすべてメスです。卵を産めるのは女王アリだけで、オスが生まれるのは繁殖期のときだけです。オスがいる期間は限定されています。オスは羽があり、新しい女王アリとともに飛びたって交尾をします。これを結婚飛行と呼びます。しかし、すべてのオスが交尾できるわけではなく、ほとんどのオスは1週間ほどで死んでしまいます。死んだオスアリは、ほかのアリのえさとなります。女王アリと交尾できたオスも最後はほかのアリのえさとなります。

1匹で始める巣作り

結婚飛行を終えると新女王アリは地面に降りて必要のなくなった羽を落とします。新女王アリは地面から深さ約5㎝のところに巣作りし卵を産みます。産まれた働きアリが巣を広げますが、最初はたった1匹で巣を作り始めます。

巣作りするクロオオアリ

昆虫の観察に行こう！

楽しく安全に昆虫観察をするために、
服装や持ち物を事前に確認しておきましょう。

とげのある植物やうるし、昆虫の毒や虫刺されから肌を守るために長袖、長ズボンがおすすめです。靴は動きやすいもの。サンダルはケガしやすいので避けましょう。手袋もあるといいでしょう。

虫めがね

小さな虫を拡大して観察するのに便利。

虫かご

捕まえた虫を持って帰るのに使います。ペットボトルやビニール袋も代用品になります。

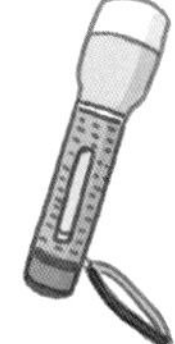

懐中電灯

夜間の観察ややぶの中を照らすのに役立ちます。

虫取り網

草むらや木の上にいる昆虫を採集するときにあると便利です。水切りネットと針金で簡単に作ることもできます。

カメラやスマホ

写真を撮っておけばあとで詳しく調べることができます。スマホをかざすだけで、昆虫や虫の種類を特定できるアプリも。

応急処置セット

消毒薬や絆創膏、虫刺され薬など。

第4章
さんぽで出合う「体」のなぜ？なに？

体に起こる変化を観察してみよう

自分の体だからといって、すべてがわかっているわけではありません。目に見える部分を除けば、むしろわからないことのほうが多いでしょう。一番近くにあって、一番大事なものなのに自分の体は「なぜ？」「なに？」の宝庫なのです。その答えを知ることは、自分の体に向き合うこと。自分に向き合い、自分を大切にすることは、生きるうえでもっとも必要なことです。

自分の観察には数字が必要

自分を観察するとき、目に見えない変化は数字で確認をすることができます。走る前の脈拍数と息がハーハーしているときの脈拍数の違い、体温や血圧、身長、体重、寒いと感じる気温、蒸し暑いと感じる湿度、トイレに行く回数、1日に飲む水の量……。いろいろな数字を知ることで、自分に起こる変化や感覚を客観的に測ることができるのです。

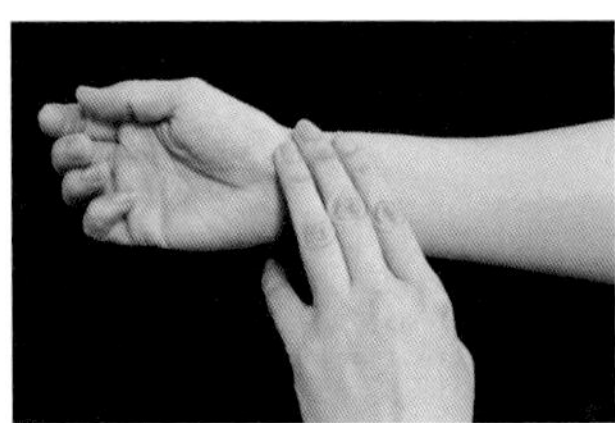

脈拍は簡単に測れて自分の体の変化を知ることができる

「体」と「身体」の違い

どちらも「からだ」と読みますが、身体のほうは「しんたい」が正しい読み方で、「からだ」は慣用的な読み方です。「身体」は人間や動物のみに使われる言葉で、「体」は人間だけでなく、「機体」のように人や動物以外の物にも使います。使われ方にもよりますが、「身体」には生きものとしての人の体だけでなく、心をもった人間の体であったり、社会的な地位や身分を含めた個人を差したりすることがあります。本書では人間がもつ機能についての「なぜ？」「なに？」をテーマにしているので「体」の字を使います。

体の「なぜ？」「なに？」を知ることはとても大切

体のためにに散歩は理想的な運動

Q 散歩はなぜ体にいいの？

A 人間の体は動かしていないと筋肉も内臓も衰えてしまいます。かといって激しい運動は、ちゃんとした指導の下で行わないとけがをしたり、筋肉や関節を痛めたりする可能性があります。散歩は危険が少なく、距離や時間を調整することで、誰でも自分に合った強度で運動ができます。歩くことで骨に刺激を加えると骨の強さが増します。心肺機能や代謝の改善効果もあり、また外を歩くことで快感（気持ちいいと感じる）ホルモンが分泌され、緊張や疲労の緩和によりストレスが軽減されることもわかっています。

豆ちしき

いつ散歩すればいい？

それぞれの生活に合わせて時間があるとき、したいときにすればよいですが、時間帯によって違う効果があります。朝の散歩はダイエットに効果があり、昼の散歩はリフレッシュ効果、夜の散歩はリラックス効果があるとされています。

夜の散歩は歩くところをしっかり選ぼう

Q なぜ太陽を見るとまぶしいの？

太陽を直接肉眼で見ると短時間でも目を傷めてしまうので絶対やめて

A 目の真ん中にある黒目は瞳孔（どうこう）、その周りの茶色の部分を虹彩（こうさい）と呼びます。目の中に入る光の量は、虹彩が伸縮することで瞳孔の大きさが変わって調整されます。明るいところでは光の量を減らすために瞳孔は小さくなり、暗いところではより多くの光が必要なため瞳孔は大きくなります。暗い場所から急に明るい場所に出ると、強い光を急に受けるのでまぶしいと感じます。太陽を見てまぶしいと感じるのも同じで、強い光が目に入るためです。

指紋のように異なる虹彩

虹彩の色や模様は、指紋のように人それぞれで違います。同じ虹彩の人はいないとされるため、個人の認証に使われることもあります。虹彩の色は茶色や青色などがあり、遺伝によって決まります。

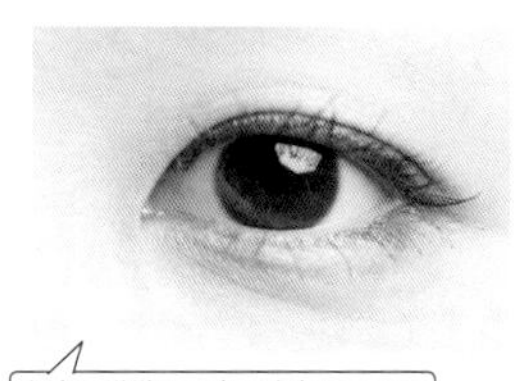

虹彩の模様は２歳以降変化しない

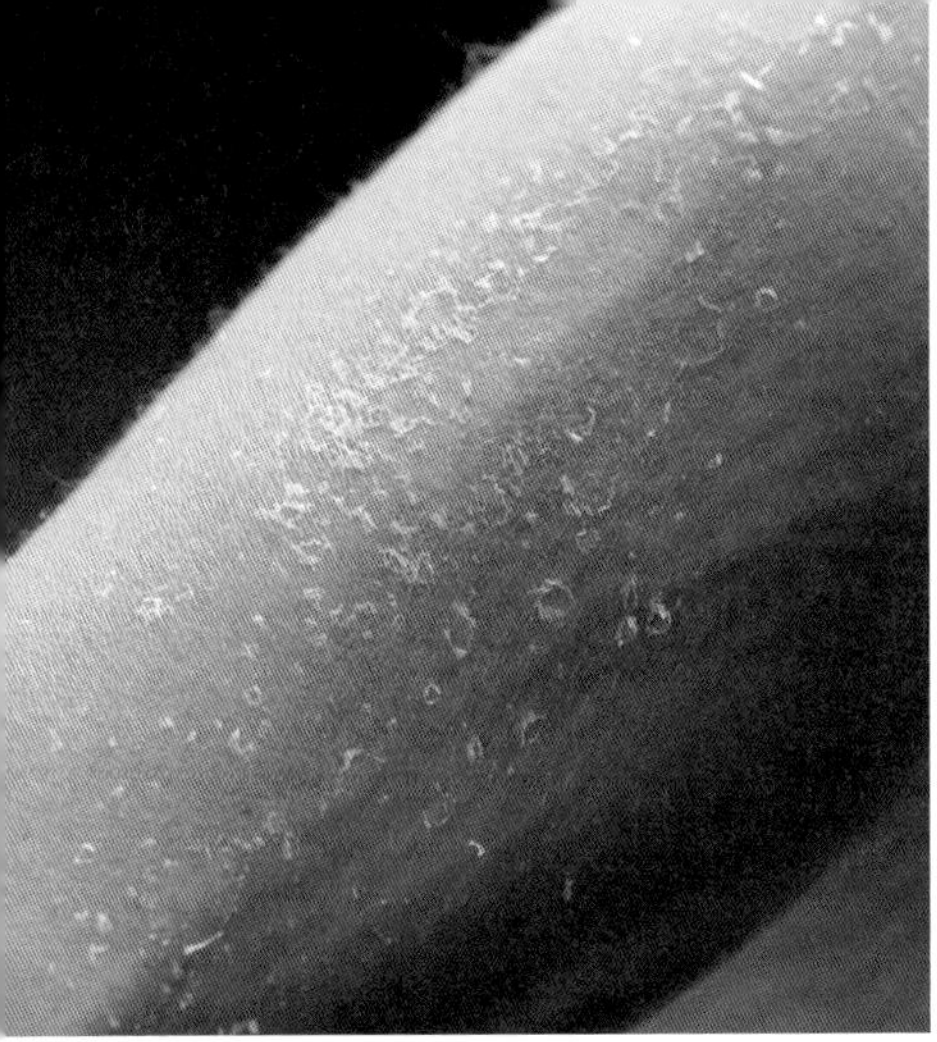

日焼け後にはがれる皮。皮の下で新しい細胞が作られている

Q いっぱい太陽を浴びると肌が焼けるのなんで？

A 人の体は皮膚で包まれています。皮膚は体を守る働きをしています。皮膚の表面は丈夫な角質層というもので覆われていて、微生物などの侵入を防いでいます。太陽の光に含まれる紫外線は皮膚を傷つけます。紫外線が皮膚に当たると、皮膚の下にあるメラニン細胞がメラニン色素という黒いつぶを作ります。メラニン色素は紫外線を吸収して皮膚を守ってくれます。多くのメラニン色素が作られることで、皮膚は黒くなります。これが日焼けと呼ばれます。メラニン色素は人によって多い少ないがあります。

豆ちしき

皮膚がむけるのはやけど

メラニン色素が少ない人は太陽に当たると皮膚が赤くなります。また太陽を浴びると皮膚がむけることもあります。どちらも皮膚が炎症を起こしたやけどと同じ状態なので、太陽の光を浴びないようにするか、日焼け止めが必要です。

日焼け止めは紫外線を吸収したり散乱させたりする

Q なぜ花粉症になるの？

花粉症の鼻水は涙と成分がほぼ同じで無色でサラサラとしている

A 人の周りには病気の原因となる細菌やウイルスなどの病原体がいますが、涙や鼻水で病原体を体外へ流し出すので、すぐに人が病気になることはありません。体に入っても、いろいろな細胞が病原体を退治します。これが免疫反応（めんえきはんのう）です。花粉は病原体ではありませんが、花粉症の人の体の中では病原体だと見なして免疫反応が起きます。目や鼻から入った花粉を追い払おうと、鼻水やくしゃみが出るわけです。花粉症のように、本来害のないものに免疫反応が起こることをアレルギーといいます。

いろいろなアレルギー

花粉症はアレルギーの中でも特に患者が多いとされています。このほかに、アトピー性皮膚炎もアレルギーです。最近は食べ物のアレルギーも多くなっています。食物アレルギーは腸などでの免疫反応の異常により起こります。

日常的な食品でもアレルギー反応が出ることも

ランニングなどで心肺機能を強化すると疲れにくい体になる

Q 走ると息がハーハーするのはなぜ？

A 人は意識していなくても心臓が動き、肺で呼吸をしています。心臓は脈打つことで全身に血液をめぐらせています。肺は血液に酸素を送り込み、血液から二酸化炭素を外に出しています。どちらが欠けても人は生きていけません。通常の生活では、どちらもゆっくりと動いていますが、走ったりすると酸素をたくさん取り入れ、より多くの栄養を全身に届ける必要が出てきます。心臓も肺も激しく動くので、息もハーハーと激しくなります。この心臓と肺の動きを合わせて心肺機能と呼びます。

豆ちしき

心拍数と血液の量

1分間に心臓が動く回数を心拍数といいます。ふだんは心拍数は約70回で、1分間に送り出される血液の量は約5リットルです。激しい運動をすると心拍数は200回以上になり、血液の量は24リットル以上になります。

脈拍数のチェックは体調管理に重要

腕を組むのは体を小さくして熱を逃がさないための防御本能

Q 寒いと体がブルブルするのはなぜ?

A 寒いときに体が震えるのは、筋肉を細かく動かすことで熱を発生させ、体温を保つためです。これは「シバリング」と呼ばれ、ブルブルと震える運動は1分間に200〜250回も行われるとされます。じっと動かないときは熱は発生しませんが、震えると体内でかなりの熱を作り出すことができるといわれています。人は36度前後の平熱を保っていなければ生きていけません。体温が下がると体の具合が悪くなります。寒いときの震えは、人の命を守るとても大切な体の働きなのです。

豆ちしき

鳥肌がたつ理由は?

寒いときは鳥肌がたちます。これは毛の根元にある筋肉が寒さを感じて毛をたたせるためです。ほかの動物は全身に毛があるので、毛の間に空気を取り込み保温効果がありますが、人は毛があまりないので保温効果はありません。

鳥肌が立つのは動物の自然な反応

同じ気温でも湿度が高いほうが白い息が出やすい

Q 冬、息を吐くと白くなるのはなぜ？

A 寒い日に息が白くなるのは、息に含まれる水蒸気が周りの空気に冷やされて水滴となるためです。空気中に含まれる水蒸気の量は決まっていて、暖かい空気はより多くの水蒸気を含むことができます。人の呼気は36度前後で、呼気に含まれた水蒸気は、温度が低い外気では水蒸気のままでいることができずに水滴となり、それが息が白くなる理由です。寒い冬の外気は呼気との温度差も大きいので、白くなる量も多くなります。ちなみに鼻の息が白くなるのは気温が3度以下のときといわれます。

エアロゾルも必要

水蒸気が水滴になるには何かにくっつく必要があります。それは空気中のほこりなどでエアロゾルと呼ばれます。日本の都会には排気ガスや花粉などエアロゾルが豊富ですが、南極にはほぼないためほとんど息が白くなりません。

白い息になるのはエアロゾル粒子のせい

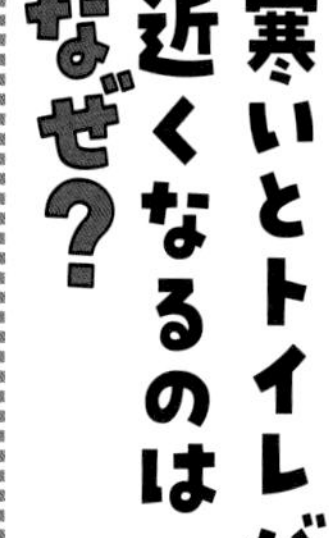

Q 寒いとトイレが近くなるのはなぜ？

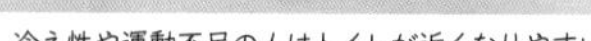
冷え性や運動不足の人はトイレが近くなりやすい

A 体の中の水分量はある一定の範囲に保たれています。夏には汗がたくさん出ます。春や秋も、夏より少ないですが汗が出ます。汗が出るというのは、体の中の水分が少なくなっているということです。冬になると寒くて汗はほとんど出ません。汗で出ていかなくなった水分は体の中にたまるため、おしっことして出ます。ほかの季節よりおしっこの量は増えるので、トイレに行く回数も増えることになります。また、寒さでおしっこをためる膀胱が縮みやすくなるのも、おしっこが増える原因のひとつです。

血液量の増加も一因

寒いと手や足の先などの血管が縮み体の中心に血液が集まります。おしっこは腎臓で血液がろ過されたものですが、腎臓を通る血液が増えるとその水分をおしっことして出す場合もあります。これもトイレが近くなる一因です。

緊張や興奮したときや辛い食べ物を食べたときにも汗が出る

Q 暑いと汗をかくのはなぜ?

A 人の体温は36度前後で保たれています。これは体温調節機能という体温を一定に保つ機能が体の中に備わっているためです。運動をしたり、夏に暑くなったりすると体温が上がるため、それを下げる必要があります。その役割を果たすのが汗です。皮膚には汗が出る汗腺(かんせん)があり、ここから汗が出ると皮膚の表面から蒸発していきます。このとき熱も一緒に蒸発するので、体温を下げることができます。汗は99%以上が水ですが、ほかに塩分などもわずかに含まれています。汗がしょっぱいのはそのためです。

豆ちしき

2種類ある汗腺

汗腺にはエクリン汗腺とアポクリン汗腺の2種類があります。エクリン汗腺は全身にあります。アポクリン汗腺はわきの下などにあり、ここから出る汗は脂肪やたんぱく質を含んでいます。この汗が細菌に分解されると臭くなります。

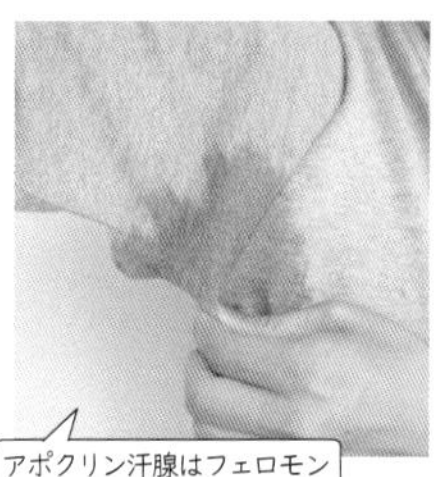

アポクリン汗腺はフェロモンのような役割も

Q 汗をたくさんかくとのどが渇くのはなぜ？

汗をかいたときはもちろん寝る前や入浴前にも水を飲もう

A 人は体重の50～70％が水分でできています。年齢などによりその割合は違いますが、成人男性では体重の60％が水分だとされます。人の体の中には血液をはじめとした体液がたえずめぐっています。酸素や栄養を運んだり、体内の不要なものを排泄したり、その役割はいろいろです。体温調整をするのも水分です。健康な体を保つために水分は欠かせません。汗をかくと水分がなくなるので、補給するためにのどが渇きます。水はいっぺんにたくさん飲むのではなく、少しずつ飲むのがよいといわれます。

年齢で異なる体内水分量

必要な水分量は年齢や性別により異なります。赤ちゃんは体重の約80%、子どもは約75%、成人男性は約60%、成人女性は約55%、高齢者は50～55%が必要な体内水分量だとされます。体重70kgの成人男性には約42リットルの水分があることになります。

体内水分量は年齢とともに減少する

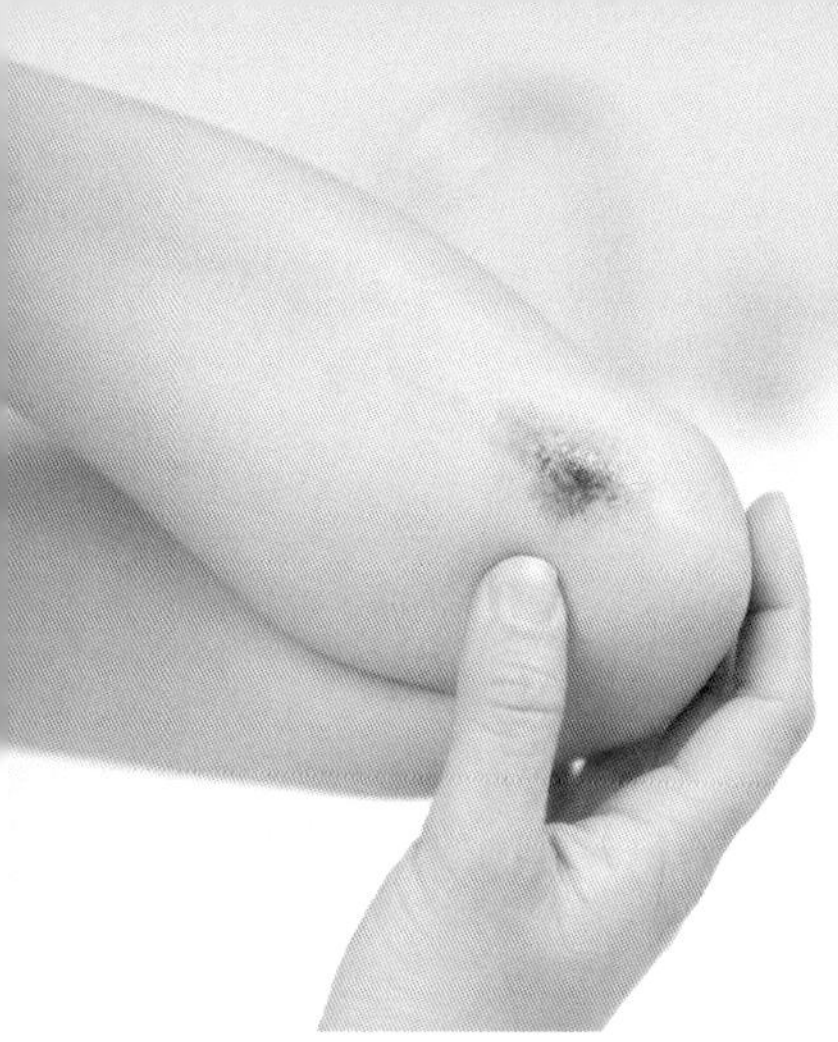

ケガをすると血が出るのはなぜ？

擦り傷が痛むのは皮膚の表面に神経が多くあるため

A 人の体には血液を運ぶ血管が張り巡らされています。血管がないのは皮膚の表面と毛、爪、眼球くらいです。ケガをすると血が出るのは、皮膚の下の血管が破れたためです。血液にはさまざまな働きがあります。約55％は液体で血しょうといいます。残りは血球と呼ばれる細胞の成分です。血しょうは酸素や栄養、不要物などを運びます。血球には酸素を運ぶ赤血球、細菌やウイルスと戦う白血球、血液を固めて出血を止める役割を果たす血小板の3種類があります。ケガをすると血小板が働いて出血を止めます。

血液の量はどれくらい？

体を流れる血液の量は体重の約13分の1といわれます。体重70kgの人の場合は5.4リットルほどです。この量が流れている血管をすべて合わせた長さは約10万kmになるといわれます。地球を約2周半する長さです。

Q 風が吹くと涼しく感じるのはなぜ？

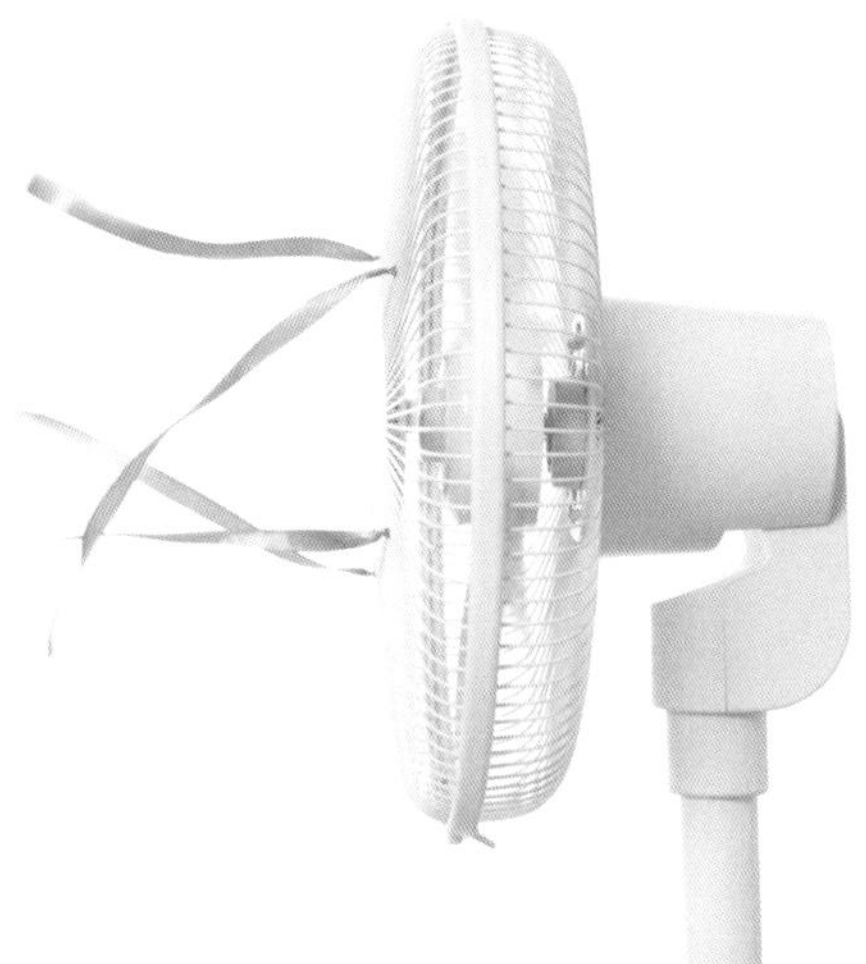
身体を濡らしてから扇風機に当たるとより涼しくなる

A 扇風機の風などが皮膚に当たると涼しく感じます。これは風が体の熱を奪っていくためです。人の皮膚には体から放出された熱が残っています。皮膚の周りに1㎜ほどの暖かい空気の層ができていて、風はそれを吹き飛ばすので涼しく感じます。ただ風が止んだらまた暖かい空気の層に皮膚は覆われます。濡れた皮膚に風が当たるとさらに涼しく感じますが、これは液体が蒸発するときに一緒に熱が奪われるため。この熱を気化熱（きかねつ）と呼びます。気化とは液体が気体に変わることをいいます。

いろいろな気化熱

注射を打つ前などに消毒用のアルコールで皮膚をふきますが、このとき冷たく感じるのも気化熱のためです。アルコールは水よりも蒸発しやすい性質があるため、水よりも熱を奪う力が大きく、冷やす力も大きくなっています。

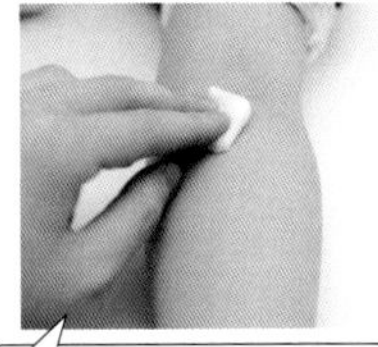
アルコールが腕の熱を奪っている

森林を歩くと感じる気持ちよさはフィトンチッドによるもの

Q 森のなかに入ると気持ちよくなる気がするの、なんで？

A 人はいいにおいをかぐと、リラックスしたり、集中力を高めることができます。森にはフィトンチッドという化学物質が漂っています。これは木が微生物の活動をおさえたり、傷を殺菌するために出しているものです。フィトンチッドは人の病気を治すことはできませんが、気持ちを穏やかにする効果があるといわれます。森の散策を楽しむことを森林浴と呼びますが、森林浴が健康増進や病気の予防に効果が期待できるのではと、科学的に検証が進んでいます。葉を揺らす風や水のせせらぎの音も気持ちをよくします。

各地にある森林セラピー

森林浴は最近、森林セラピーとも呼ばれています。森林セラピーが体験できる場所は、日本に60ヵ所以上整備されています。森林を歩くことで、ストレスが低下したり、血圧が低くなる効果も見られ、注目されています。

奥多摩には日本初の森林セラピーロードがある

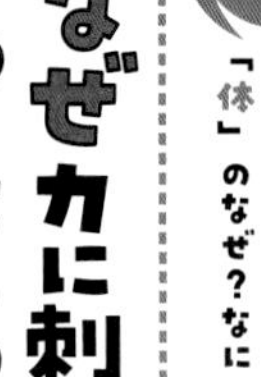

体温が高く汗をかきやすい人はカに刺されやすい

Q なぜカに刺されるとかゆくなるの？

A カは針のような口を人の皮膚に刺し血を吸います。このときカはだ液を注入します。だ液には血が固まらないようにしたり、痛みを麻痺させる性質があります。このだ液が人の体内に入ると免疫反応が起こります。免疫反応は体に入ってきた異物を排除しようとする反応のことです。カに刺されると、白血球がカのだ液を排除しようと毛細血管に集まります。このとき毛細血管が広がり腫れて、かゆみを感じる神経が刺激されてかゆくなります。ただ、かゆみの感覚についてはまだ完全にはわかっていません。

カに刺されたときは

カに刺されるとかゆくなりますが、かいてしまうとカのだ液を広げることになり、よけいにかゆさが強くなります。大切なのは刺されたところに水を流し冷やすことです。皮膚の冷却には炎症を抑える効果があります。

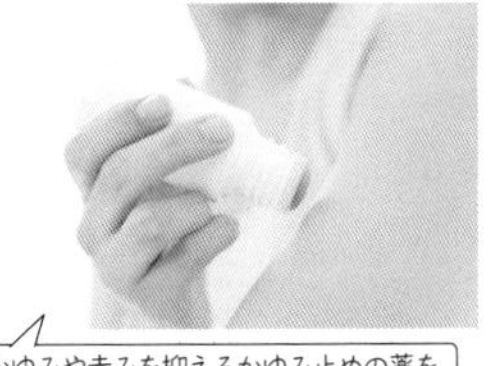

かゆみや赤みを抑えるかゆみ止めの薬を

カはどれくらい血を吸うの？

カは３分ほどで、自分の体重と同じくらいの２～3mg の血を吸います。血を吸ったあとの体重は、血を吸う前と比べて倍くらいになり、動作が遅くなってうまく飛べないこともあります。

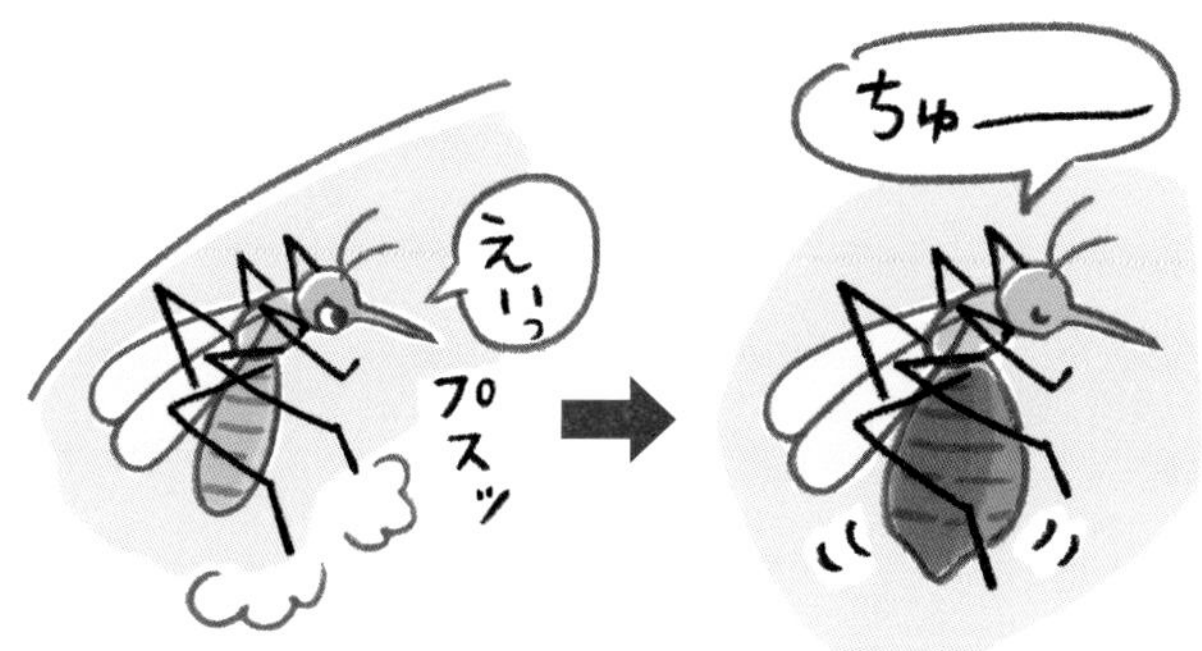

体を固定して脚をふんばって、口先の針を皮膚につき刺します。

血が送られてきた腸はふくらんでいきます。

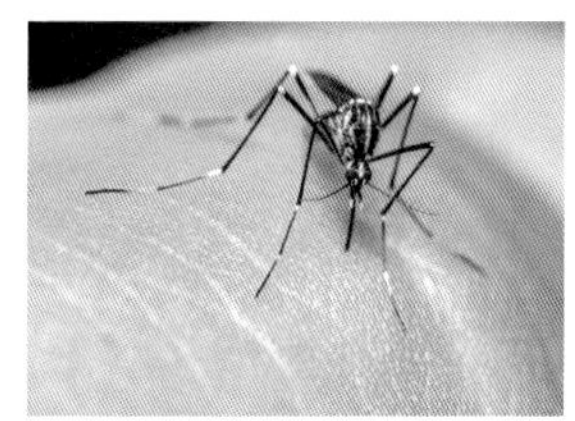

血を吸うのはメスだけ

人や動物の血を吸うのは、卵を産むために栄養を取りたいメスだけ。栄養を得ると産卵に向かい、生涯吸血を４～５回繰り返します。ふだんはオスもメスも花の蜜や樹液などを吸っています。

Q 散歩をするとお腹が空くのはなぜ?

適度な運動で空腹になったあとのごはんはおいしい

A 食べものは胃から腸へと送られる間に消化されます。胃の中がからっぽになるとお腹が空いたと感じますが、胃がからになったことは、まず脳が感知します。脳の中に飢餓中枢というものがあり、ここがお腹の減ったことを知らせます。口の中につばが出たり、胃や腸が動き始めたりして、人はお腹が空いたことを感じます。また、血液中を流れる血糖と呼ばれるエネルギー源が不足しても飢餓中枢は働きます。食事をして血糖の値が上がると、脳の満腹中枢というものが刺激され、お腹がいっぱいと感じます。

すぐにお腹が空くのは

食事を食べ過ぎたり急いで食べると、血糖の値が急に上昇して、血液中にたまった血糖が肝臓や脂肪に取り込まれます。すると血液中血糖の値が下がるため、またお腹が空いたように感じます。これは肥満の原因のひとつです。

ゆっくり食べればすぐにお腹は空かない

見落としがちな指の間、手首の汚れもよく洗おう

Q なぜ外から帰ってきたら手を洗うの？

A 手洗いは病気の原因となる細菌やウイルスを体に入れないようにするために行います。人は外に出るといろいろなものに触れています。ドアのノブや電車のつり革、バスの押しボタンなどは、病気に感染した人が触っている可能性もあります。病気になる原因の病原体はどこについているかわかりません。手を洗わないと家に病原体を入れてしまうことになります。手洗いは神経質になることはありませんが、石けんを使って20秒以上をかけて指の間や爪なども丁寧に洗い、清潔なタオルでふくことが大切です。

豆ちしき

日本人は清潔好き

日本人は子どものころから手洗いやうがいが習慣となっています。これは世界的に見ると、実は珍しいことです。日本人の清潔好きはコロナ禍で改めて注目されました。日頃から清潔に気を使う日本の習慣は世界に誇れることです。

Q なぜ30度の気温は暑いのに30度のお湯はぬるいの？

暑い日の散歩では水分補給を忘れずに

A 気温30度の日に散歩をすれば暑いですが、30度の水は熱くありません。理由のひとつは周りにあるのが、空気か水かの違いです。水は空気の20倍以上も熱を伝えやすい性質があり、熱は高温側から低温側に移動するので、36度の体温より低い温度の水に手をつけると、あっという間に熱が奪われます。30度の空気も体温より低いですが、空気が水に比べると熱を奪わないことに加え、散歩で体を動かすと体内に熱が発生します。空気に奪われる熱と自ら作る熱を比べ、自ら作る熱の量が多いので暑く感じるのです。

豆ちしき

サウナでやけどしないのも同じ理由

最近ブームのサウナ。室内の温度は100度にもなります。100度の熱湯をかぶったら大やけどになりますが、サウナでやけどすることはありません。これも空気が熱を伝えにくい性質があるからで、皮膚の温度は急には上がりません。

熱いのを我慢しすぎるのは体に悪い

第5章

さんぽで出合う「空と天気」のなぜ？なに？

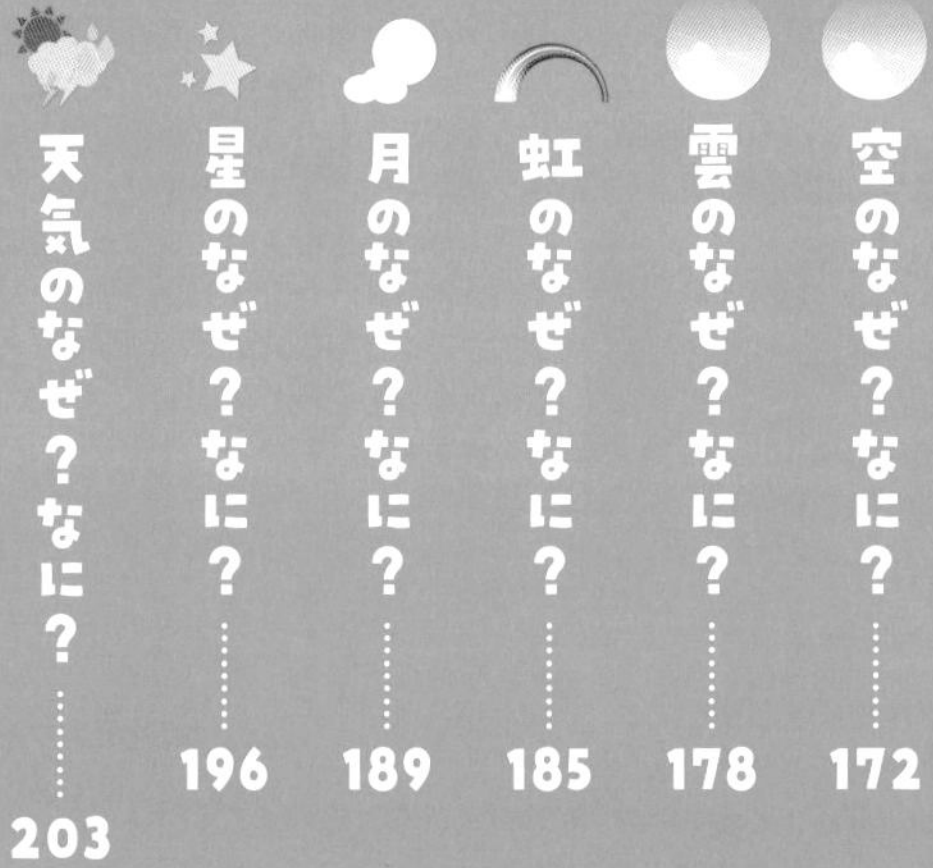

空を見上げてみよう

散歩の途中、立ち止まって空を見上げてみましょう。そこには何が見えるでしょうか。真っ青な空、たくさんの白い雲、それとも雨が降り出しそうな暗い空でしょうか。雨上がりなら虹が、夕方ならきれいな夕焼けが、夜なら月や星が見えるかもしれません。雲を眺めるとき、それがどんな種類の雲かわかったほうが楽しいでしょう。星を眺めて、それがどの星座の一部なのかを知っているほうがおもしろいでしょう。空の「なぜ？」「なに？」の答えを知ると、散歩が断然おもしろくなります。

空の観察にスマートフォンを活用

家のベランダなど、決まった場所で、決まった方角を観察するのが理想的ですが、散歩の途中だとそういうわけにもいきません。どこか目印となる建物や場所を決めて、同じ場所からスマートフォンで撮影しておくのがいいでしょう。すべての写真に撮影日時の記録が残るので、あとから確認するときに便利です。また普段散歩する以外の場所、たとえば旅行先でおもしろい雲を見つけたときもスマートフォンで撮影しておきましょう。位置情報の設定を ON にしておけば撮影日時だけではなく、どこで撮影したかの記録も残せます。動画での記録もおすすめ。

雲の写真を旅の思い出に

星空の観察

散歩の途中に星を観察しよう、という場合は以下の点に注意しましょう。

●空が完全に暗くなってから

星の明かりはとても弱いので、日没直後の空にまだ明るさが残っている状態では見ることができません。少なくとも日没後 1 ～ 2 時間（季節によって異なる）経って、空が真っ暗になってからにしましょう。

●なるべく人工の光のない場所を選ぶ

上記のように星の光は弱いので周りに明かりがなく、空が開けた場所が最適です。

●月の動きに注意

同じ理由で月明かりが強いと星は見えにくいので、月齢（→ P.193）を確認しましょう。月齢によって月が出てくる時間も異なります。

都会から離れると暗い空で星が眺められる

天気予報を見てみよう

傘を持って出かけるべきか、洗濯物が干せるかといった日常生活に関わることから、地球温暖化のように世界的な問題まで、天気の「なぜ？」「なに？」には幅広いテーマがふくまれています。「なぜ雨がふるの？」「なぜ風がふくの？」「なぜ季節が変わるの？」などの答えを知っていれば、天気予報で伝えられるいろいろなニュースがより理解できるようになるでしょう

雨の情報だけでなく、天気予報からいろいろな知識が得られる

何も考えず寝っ転がって空を見上げてみよう

散歩の途中、公園の芝生の上で寝っ転がって空を見上げてみましょう。ゆっくり流れる雲を眺めていると、頭が空っぽになってリラックスができます。夜空を眺めるのもいいでしょう。星や月だけでなく、流れ星や人工衛星が移動している姿が眺められることもあるでしょう。そこで新しい「なぜ？」「なに？」が浮かんでくるかもしれません。

空を眺めているとなぜかリラックスできる

星空は地上から見る宇宙

空のなぜなに

Q なぜ空は青いの？

青い光が空気中の酸素や窒素とぶつかって広がる

A 太陽の光にはいろいろな光が混ざっています。目に見える光は、日本では虹と同じように7色（紫、藍、青、緑、黄、オレンジ、赤）とされています。光には波のような特徴があり、その波の幅（波長）はそれぞれ違います。波長が違うと色が違い、光の散らばりやすさも違います。太陽光のうち波長は紫色が一番短く、赤色が一番長くなっています。波長の短い光は、空気にぶつかって散らばりやすい性質があります。特に波長が短い青色の光は空気にぶつかって散らばりやすいため、あちこち散らばった青色の光で、日中の空が青く見えます。

地表に届く光は半分

地球に届く太陽の光を100%とすると、大気や雲などに約30%が反射し、大気に約20%が吸収されます。地球の表面に届く太陽の光は約50%、つまり半分ということになります。この光によって地表はあたためられています。

地球には太陽からの光が常に届いている

波長の長い赤やオレンジ色の光だけが残るため夕日は赤く見える

Q なぜ夕焼けはオレンジ色なの？

A 空が青いのは、波長の短い青色が空気にぶつかって散らばるためでした。夕方になるとオレンジ色の夕焼けになるのも、光の波長が関係しています。夕方になると、太陽は地平線近くの低い位置へと遠ざかっていきます。すると光が大気の中を通ってくる距離は、昼間よりも長くなります。光が人の目に届く間に、青色などの波長の短い光は散らばって少なくなってしまいます。一方、波長が長い光は散らばりにくく、オレンジ色や赤色が多く残った光が目に届きます。そのため、夕焼けはオレンジ色に見えます。

夕焼けと朝焼け

夕焼けと同じく朝焼けも赤く見えます。夕焼けは昼間の上昇気流にのった水蒸気やちりが空気中にあるため、それほどまぶしくはないのですが、朝焼けは空気中の水蒸気やちりが少ないため、赤い色は薄く、光はまぶしく見えます。

朝焼けの光は透明感がある

空のなぜなに

Q なぜ昼は明るくて夜は暗いの？

地球は傾いた状態で1日に1回転している

A 宇宙から見ると丸い地球に太陽から光が当たっています。例えば、まん丸のボールがあったとします。これにライトの光を当てると、半分は明るくなりますが、裏側半分は暗くなります。この明るい部分が地球の昼、暗い部分が夜ということになります。地球は回っています。これを自転（じてん）といいます。北極側から地球を見ると、地球は時計の針と反対の方向に自転しています。1日に1回自転しているので、地球の半分は太陽の光が当たる昼、半分は光が当たらない夜になります。

傾いて回っている地球

北極と南極を結ぶ地球の中心を通る軸を地軸（ちじく）と呼びます。地軸は約23.4度傾いています。地球は少し傾いて自転しているわけです。そのため北極や南極では季節によって日が沈まない白夜になったり、1日中暗い極夜となります。

北極圏の町ノルウェーのトロムソの白夜

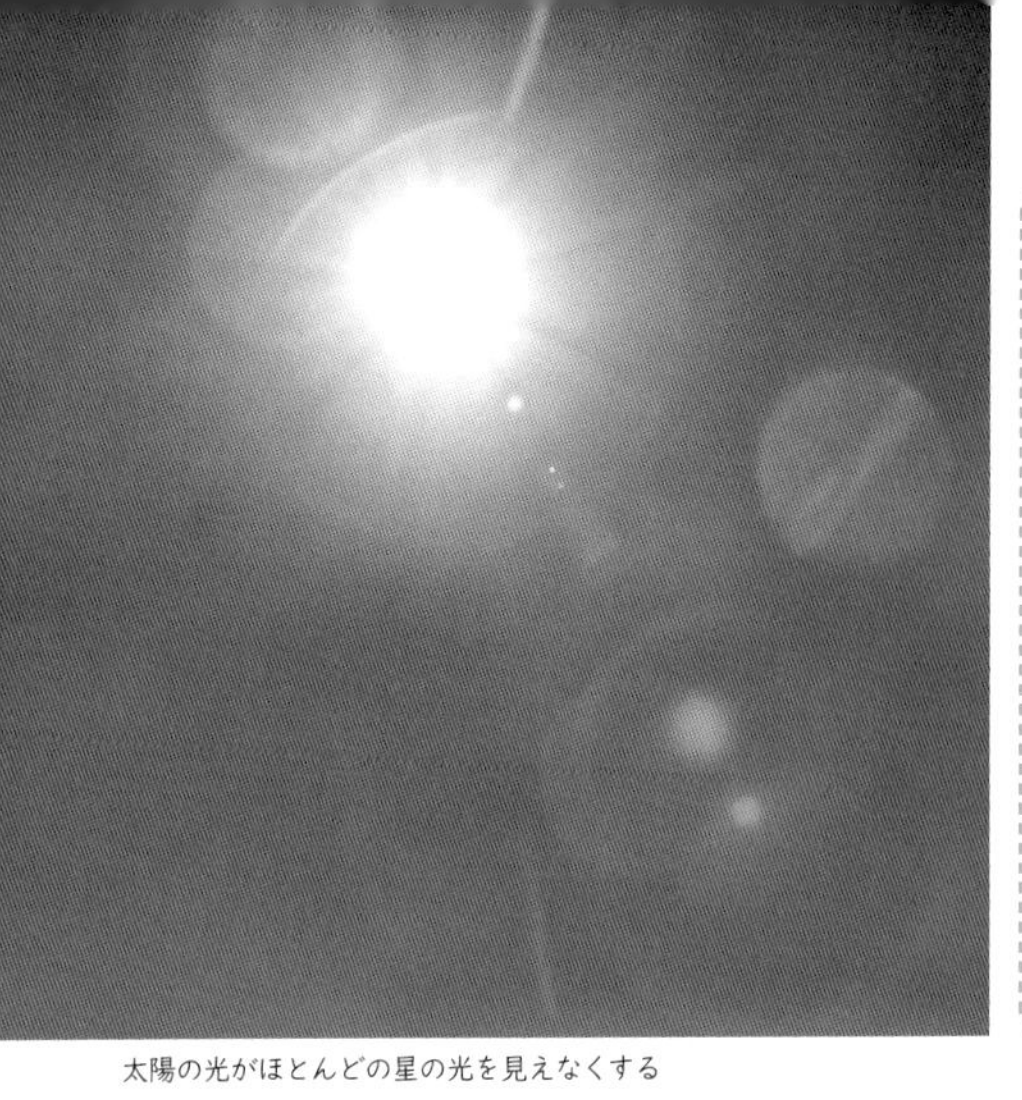
太陽の光がほとんどの星の光を見えなくする

Qなぜ昼間は星が見えないの?

A 昼間に星が見えないのは、太陽の光が強いためです。昼、星は空から消えたわけではなく、夜と同じように空にありますが、太陽が出ると星の光はその明るさに負けてしまい見えなくなっています。星の光の明るさは太陽に比べると、とても弱いわけです。

夜でも、街灯などが多く明るい都会では、それほどたくさんの星は見えません。夜の街の明かりがほとんどない砂漠などに行くと、夜空一面に星が広がっていることがわかります。また星によって明るさは違うため、場所によって見える星の数も異なります。

夜中に見えない星も

金星のように明け方か夕方にしか見えない星もあります。金星は地球と太陽の間にある星なので、地球が夜中のときは太陽側にあるため見ることはできません。金星はとても明るいため、昼間に見えることもあります。

明け方の空の金星

空のなぜなに

Q なぜ日の出と日の入りの時間が毎日違うの？

位置だけでなく日の出や日の入りの時間も日々変わる

A 地球は自転していますが、地軸は公転軸より約23・4度傾いています。地球は傾いて自転しながら、太陽のまわりを1年かけて1周していま す。もし地球が傾いていなければ、1年中昼と夜の長さは同じで季節の変化もなくなります。しかし、少し傾いているので地球への太陽の当たり方が変わってきます。夏は北極が太陽の方向へ傾きます。光が当たる面積が広くなるので北半球は日の出が早く、日の入りは遅くなり、光が当たる時間が長くなります。冬は逆に日の出が遅く、日の入りが早くなり、夜が長くなります。

夏至と冬至の日の長さ

夏、昼が一番長い日を夏至と呼びます。冬、夜が一番長い日を冬至といいます。日本では、夏至の昼間は約15時間、冬至の昼間は約10時間です。春と秋には昼と夜の長さがほぼ同じになる日があり、それぞれ春分、秋分と呼びます。

日本本土で夏至の日中時間が最も長い宗谷岬

自転と公転

自転とは

地球は約 24 時間で北極側から見て反時計回りに 1 周します。この回転を自転といいます。昔の人は、地球は止まっていて、太陽が地球の周りを回っている（天動説といいます）と信じていました。太陽は動かず、地球が回っていると、太陽が動いているように見えるからです。

1 日の長さが約 24 時間なのも、地球が 1 回転する時間を基準にしています。同じ場所から観測して、太陽が空の一番高いところに上った時刻（南中時）が正午で、太陽が沈んで再び上って空の一番高いところにくるまでの時間が 1 日です。

公転とは

地球が太陽の周りを 1 年で 1 周することを公転といいます。地球は公転面に対して傾いたまま太陽の周りを回るために、夏と冬では昼と夜の時間や南中時の太陽の高さが変わります。また季節によって地球から見る星座の位置が違って見えます。

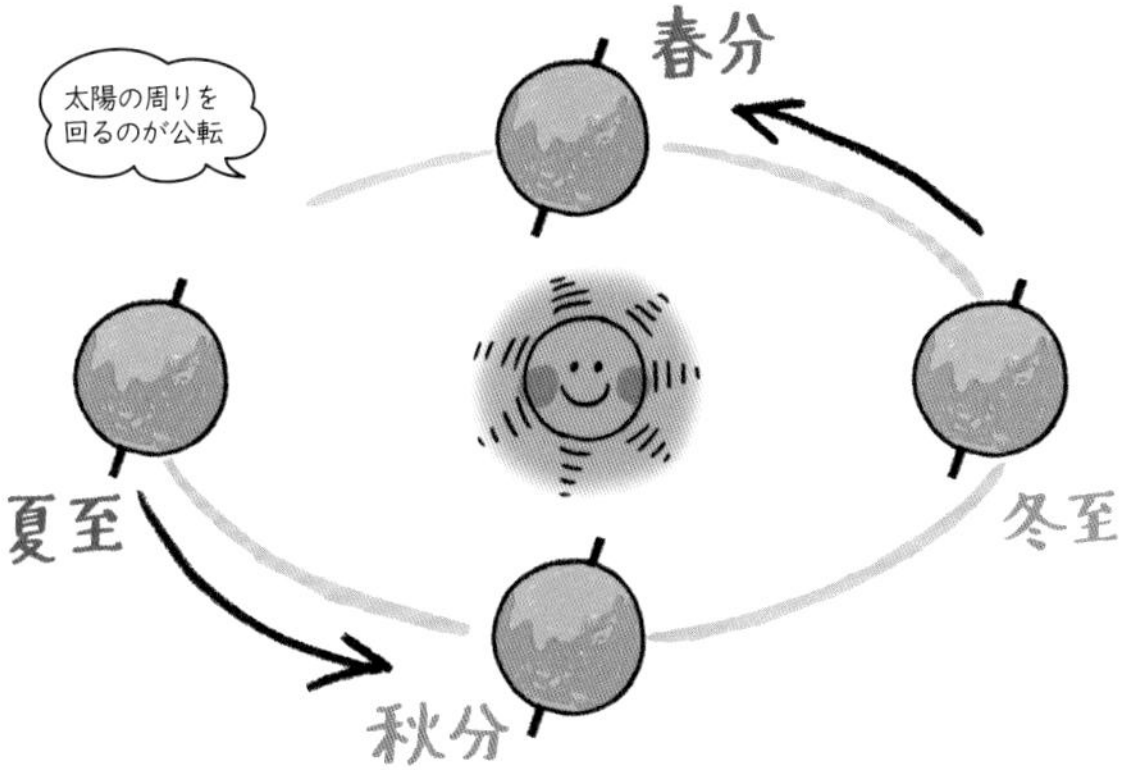

太陽の周りを回るのが公転

春分

夏至

冬至

秋分

地軸が傾いているために・・・

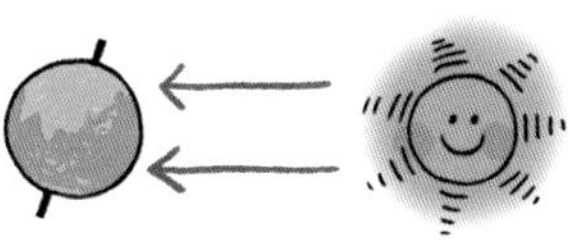

夏は太陽の南中高度が高くなり、昼の時間（太陽の光が当たっている）が長い。

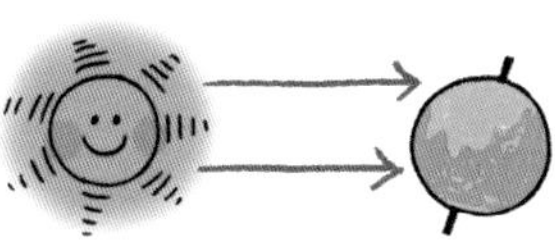

冬は太陽の南中高度が低くなり、昼の時間（太陽の光が当たっている）が短い。

雲のなぜなに

Q なぜ雲ができるの？

水や氷がふわふわと空に浮かんでいるのが雲

A 水は温度の違いによって、気体の水蒸気、液体の水、固体の氷と3つの状態に変わります。空気中には水蒸気が含まれていますが、空気中に含むことのできる水蒸気の量は温度によって違います。温度が低いときは多くの水蒸気を含むことはできません。また空気は温度が上がると軽くなる性質があります。軽くなって上へと向かう空気の流れを上昇気流と呼びます。空の上は気温が低くなっています。上昇気流で空の上へ上がった空気中の水蒸気は、低温により水滴や氷のつぶになります。これが雲です。

ここでもエアロゾル

157ページで、水蒸気が水滴になるためにはエアロゾル(空気中のほこり)が必要と説明しました。雲ができるときも同様にエアロゾルが必要になります。エアロゾルについた水滴のことを「雲つぶ」と呼びます。

雲の正体はとても小さな水の粒

雲が動く速さは時速 40 ～ 55㎞と考えられている

Q なぜ雲は動くの?

A 雲は空気中に浮かんでいます。風が吹くと雲も動きます。地上で吹いている風と空の高いところで吹いている風は違います。地上では無風でも空の上で強い風が吹いていることがあります。空をよく見ていると、雲が同じ向きに動いていることに気づきます。

日本付近では雲は西から東へ向かって動くのですが、これは西から東の方向へ上空で風が吹いているためです。この風は偏西風と呼ばれています。偏西風は上空１㎞ほどの高さで吹いているので、地上で感じることはありません。

偏西風が吹く理由

偏西風が吹いているのは地球の自転と関係があります。地球は西から東の方向に向かって自転しています。この影響で風も東に向かって吹いています。日本の天気が西から東に向かって変わることが多いのも、この風の影響です。

雲のなぜなに

Q なぜ雲にはいろいろな形があるの？

大気の状態が不安定な時に発生する積乱雲

A 雲は上昇気流によってできますが、上昇気流の速さや水蒸気の量、雲ができる高さなどにより、形が違ってきます。世界気象機関発行の「国際雲図帳」では、雲をおおまかに10種類に分けています。地上6000mくらいの高さにできる雲はほとんどが氷でできています。2000～6000mの高さにできる雲は、そのときの気温によって氷のつぶでできていたり、水のつぶでできていたりします。最下層の高さにできる雲には、晴れた日によく見られるわた雲やどしゃぶりを降らせる積乱雲などがあります。

飛行機雲は人工的な雲

雲の中には10種類の中に入らない雲もあります。地形が変わっていたり、空気の動き方が特別な場合などに見られますが、人工的にできた雲として飛行機雲があります。エンジンから出た水蒸気が急に冷やされてできています。

飛行機雲が消えずに残ると雨が近いサイン

いろいろな雲

散歩に出たら空を見上げてみましょう。そこに見える雲は同じ形はふたつとありません。でもいろいろな雲は 10 種類に分けられ（10 種雲形といいます）、これは世界共通です。

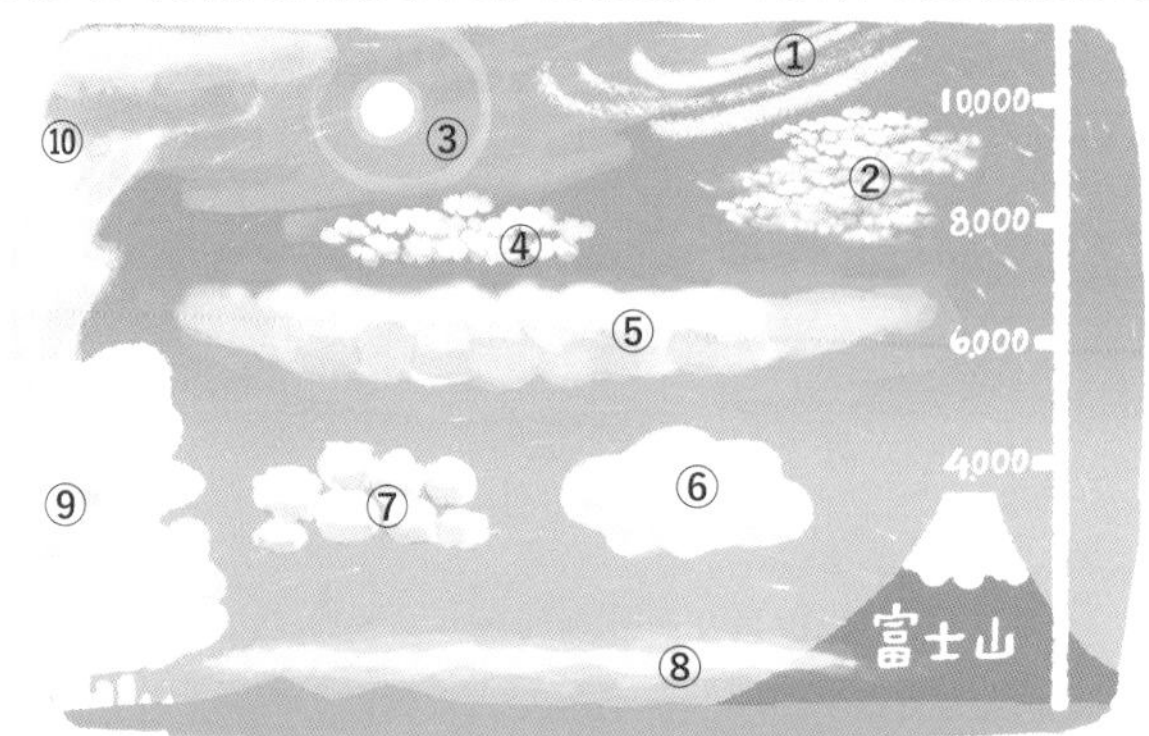

雲の基本10種の形

①〜⑧は雲が発生する場所（高さ）による違いで、番号が大きいほうが低い場所で発生します。⑨と⑩は低いところから高いところへ大きくなっていく雲です。

① すじぐも（巻雲）

空の一番高いところにできる雲。雨は降らない。

雲の高さ：5 〜 13km

② うろこぐも（巻積雲）

小さなつぶつぶが空いっぱいに広がる。雨は降らない。

雲の高さ：5 〜 13km

いろいろな雲

③ うすぐも
（巻層雲（けんそううん））

空全体を覆っても太陽が透かして見える薄い雲。雨は降らない。

雲の高さ：5 ～ 13km

④ ひつじぐも
（高積雲（こうせきうん））

ひつじの群れのような丸い雲がたくさん広がる。雨は降らない。

雲の高さ：2 ～ 7km

⑤ おぼろぐも
（高層雲（こうそううん））

空全体を覆う灰色の雲。ほとんど雨は降らない。

雲の高さ：2 ～ 7km
（さらに高く広がることもある）

⑥ あまぐも
（乱層雲（らんそううん））

低いところから高いところまで広がる。雨や雪を降らす雲。

雲の高さ：2 ～ 7km
（さらに高く、さらに低く広がることもある）

⑦ くもりぐも
（層積雲）

空の低いところに発生する、一番よく目にする雲。時々雨が降る。

雲の高さ：地面～2km

⑧ きりぐも
（層雲）

一番低いところに発生する。地面に達すると霧。霧雨が降ることも。

雲の高さ：地面～2km

⑨ わたぐも
（積雲）

もくもくと空の上のほうに成長していく雲。時々雨が降る。

雲の高さ：2km以下
（10km以上に発達することも）

⑩ かみなりぐも
（積乱雲）

わたぐもよりさらに大きく成長する雲で雷を発生させる。強い雨や雪、ひょうが降ることも。

雲の高さ：2km以下
（10km以上に発達することも）

雲のなぜなに

Q 雲にいろいろな色があるのはなぜ？

雲の厚さや太陽の位置で色が変わってくる

A 雲は小さな水や氷のつぶからできています。そのため雲には色はありません。しかし、多くの雲は白く見えますし、大雨を降らせそうな雲は黒く見えます。雲がいろいろな色に見えるのは太陽の光のためです。太陽の光は、雲つぶと呼ばれる水滴に当たると、あちらこちらに飛び散ります。飛び散った光がさらにほかの雲つぶに当たりその雲は白っぽく見えます。一方、雲が大きくなり厚くなっていると、目に届く光の量が少なくなるため黒っぽく見えます。周りの光の様子によってによっても、雲の色は違います。

虹色に見える雲も

雲は虹色に見えることもあります。これも太陽の光が雲つぶに当たった光が重なり合うことで起こる現象で、この雲は彩雲と呼ばれます。彩雲は昔から、良いことが起こる前ぶれの縁起のいい雲だとされます。

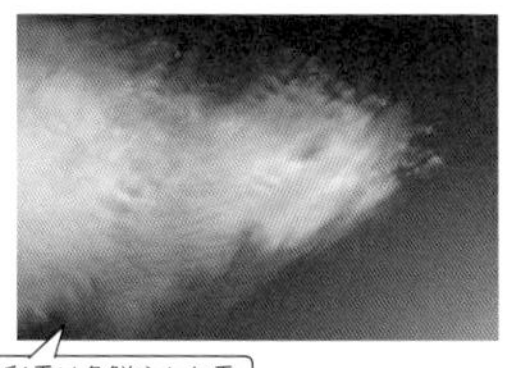

彩雲は色鮮やかな雲

雨上がりの住宅街の上に現われた虹

Qなぜ虹が出るの？虹って何？

A 虹は太陽の光が空気中の小さな水のつぶにぶつかり、はね返されてできたものです。雨上がりには、空気中に水のつぶがたくさん残っているので、よく虹が見られます。太陽の光は真っ白に見えますが、さまざまな波長の色が含まれています。空気中の水のつぶに当たった光は、つぶに入るときにまず1回曲がります。さらに、水のつぶの中で反射してつぶから外へと出ます。この出るときにももう1回曲がります。このように水のつぶにぶつかり、曲がることで、光は分解されて虹色に分かれていきます。

虹はつくることができる

虹は自分でもつくれます。晴れた日に外に出て、太陽を背にして立ち、きりふきに入れた水やホースの先を指でつぶして細かい水のつぶを出すと虹ができます。太陽が真上にある昼間より、朝か夕方の方がつくりやすいです。

身近な道具でも虹は作れる

虹のなぜなに

Q なぜ虹はいくつもの色に分かれているの？

色によって光の波長が違うので色が分かれて見える

A 人が見ることのできる光のことを可視光線と呼びます。太陽の光が波長の短い方から、紫から赤になることは172ページでも書きましたが、可視光線より波長が長い光を赤外線、短い光を紫外線といいます。虹の光の外側と内側にあって、赤外線と紫外線は人の目では見ることができません。可視光線が水のつぶにぶつかり曲がって見えるのが虹で、波長の異なる色は少しずつ曲がる角度が違い、見え方も違います。虹は外側から赤色、橙色、黄色、緑色、青色、藍色、紫色の順に見えます。

虹は７色じゃない？

日本では虹は７色というのが常識ですが、世界ではそうではないようです。それはいろいろな民族の間で色の見え方など文化が違うためだとされます。アメリカでは６色、ドイツでは５色、アジアのある民族は２色に見えています。

国によって虹の色の数は異なる

虹の本当の形は円形だが地上にいると地面に隠れて一部しか見えない

Q 虹はなぜ半円をしているの？

A 人が虹を見ることができる条件のひとつに、虹を作る水のつぶと人との位置関係があります。空気中にある水のつぶに太陽の光が当たると、42度の角度で反射され虹色になります。水のつぶはたくさんの光の反射をしていますが、人が見ることができるのは可視光線である虹色だけです。虹色を放つ42度の角度にある水のつぶのある場所をつなぐと半円になります。人から見た42度の場所は円形になりますが、下半分には地面がありますから見えません。人は虹の半分しか見えていないわけです。

豆ちしき

円形に見える虹も

虹が半円に見えるのは地面があるためですが、円形の虹が見える場所もあります。そのひとつが大きな滝の滝つぼです。滝つぼには遮るものがなく水のつぶもたくさんあります。飛行機からや高い山の頂上から見えることもあります。

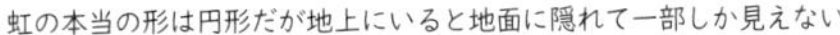

飛行機からも虹をさがしてみよう

Q 空に虹のような光が見えるけど、あれは何？

太陽の上方に現れる環天頂アークは幸運の前兆とも

A 空の高いところに虹のようだけれど虹とは違う光が見えることがあります。逆さ虹と呼ばれ、専門的には環天頂アークといいます。逆さ虹はその名前のとおり、ふつうの虹とは逆の方向に反った形だったり、円に近い形をしています。虹の色は外側から赤色、橙色、黄色、緑色、青色、藍色、紫色の順でしたが、逆さ虹ではこの順番も逆になります。虹が空気中の水のつぶに太陽の光が反射してできるのに対して、逆さ虹は上空の氷の結晶に光が反射してできます。逆さ虹は寒い季節の朝や夕方に出現します。

豆ちしき

幸運の前兆、それとも

逆さ虹はなかなか見られないので幸運の前兆とされます。実際は、上空が湿っているときにできるので、天気が下り坂のときは見つけやすいともいわれます。地震の前兆だという人もいますが、まったく関係ない自然現象です。

幸運の前兆は天気がくずれる前兆でもある

月は太古の昔から人間に一番かかわりがある星

Q 夜空の月はどうしてほかの星より大きいの？

A 月は地球に最も近い天体です。太陽系の惑星の周りを回る天体を衛星と呼びますが、月は地球の衛星です。月の直径は3476kmで地球の約4分の1の大きさ。月は地球に一番近い星。その次に近い星は最接近したときの金星で、その距離は約3950万km。金星は地球と同じぐらいの大きさですが、その距離は地球と月の間の距離（約38万km）の100倍以上もあります。木星は地球の約11倍の大きさですが、月との距離の約2000倍も遠くにあります。月が大きく見えるのはどの星よりも近くにあるからです。

豆ちしき

それでも月までは遠い？

月は人類が地球以外で到達したことのある唯一の天体です。人が初めて月に降りたのはアメリカのアポロ11号に乗ってでした。到着までは4日と6時間かかりました。一番近い天体といっても決してすぐ行ける距離にはありません。

人が初めて月面に立ったのは 1969年

Q 月の表面に模様があるけど、あれは何？

月にクレーターがあることを発見したのはガリレオ・ガリレイ

A 月の表面は岩石の成分の違いで白いところや黒いところがあり、模様のように見えます。白い丸は、いん石と呼ばれる宇宙をただよう岩石などが、月に落ちて衝突してできた円形のくぼみです。これをクレーターといいます。黒いところは地下から噴き出した溶岩でできているといわれます。月も地球と同じように岩石でできていて、内部にはマグマがたまっていると考えられています。クレーターにはアルキメデスなど主に科学者の名前がつけられ、黒いところには「静かの海」などの名前がつけられています。

模様のとらえ方はいろいろ

日本では月の模様は餅をつくウサギに見えるというのが一般的です。しかし世界各国でとらえ方は違います。北米では髪の長い女の人、南米ではワニやロバ、北欧では本を読むおばさん、南欧ではカニに見えるといわれています。

世界各国で月の模様のとらえ方は異なっている

月や太陽は空のどこにあってもほぼ同じ大きさ

Q 地平近くの月と頭上の月の大きさが違って見えるのはなぜ？

A 空高くにある月に比べて、地平線近くの月の方が大きく見えることがあります。これは月の大きさが変わっているわけではありません。目の錯覚です。頭上の空に浮かんでいる月は、その周りに何もありません。地平線の近くにある月は、近くに山や建物など大きさを比較できるものがいくつかあります。そのため感じ方が違って、地平線近くの月の方が大きく見えるといわれています。この現象は「月の錯視（さくし）」と呼ばれ、昔から研究がされてきましたが、まだはっきりした答えは出ていません。

豆ちしき

オレンジ色の月も

地平線近くの月がオレンジ色に見えることがあります。これは人の目に届く光の波長のために起こる現象で、夕焼けがオレンジ色に見えるのと同じです。オレンジ色の月は白い月よりも大きく見えますが、これも目の錯覚です。

オレンジ色の月は不吉に思われることも

月のなぜなに

Q なぜ月の見え方が変わるの？

地球からは月が太陽光を反射している部分しか見えない

A 月の見え方が変わるのは、月と地球と太陽の位置関係が変わるためです。月は地球の周りを回り、地球は太陽の周りを回っています、月は太陽の光を反射して光っていて、太陽の光の当たり方で、月にも地球と同じように昼と夜があります。地球と太陽の間に月があると、月の昼は太陽の側、つまり地球と反対側になります。地球から見える月は夜なのでほとんど見えません。何日かすると昼の部分が細く見え、さらに何日かすると半分が見えます。さらに地球から見て月が太陽の反対側にくると月の姿が全部見えます。

豆ちしき

月ができた理由は？

地球に一番近い天体の月ですが、どのようにしてできたのかは、はっきりとわかっていません。さまざまな説がある中で有力なのは、約45億年前に地球に惑星が衝突して、飛び散った岩石の破片が集まってできたという説です。

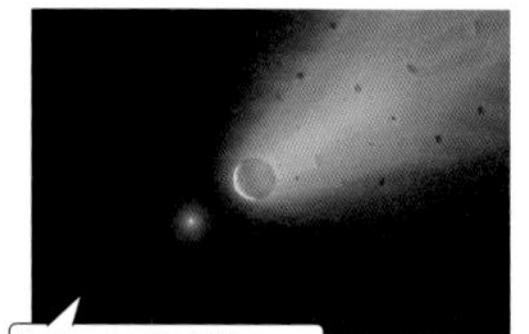

地球のかけらが集まって月になったのかもしれない

月齢（げつれい）って何？

月は約30日（29.5日）の周期で満ち欠けを繰り返します。その間、日々見え方が変わっていく状態を月齢といいます。月の見え方が変わるのは、前ページで説明しているように、地球から見て、太陽の光の当たり方が変わるからです。地球から見て月が見えない状態を「新月」といいます。そこから地球から見て、月が太陽の光を受けて反射する部分が増えていき、月全体が丸く見える状態が「満月」です。

月の満ち欠け

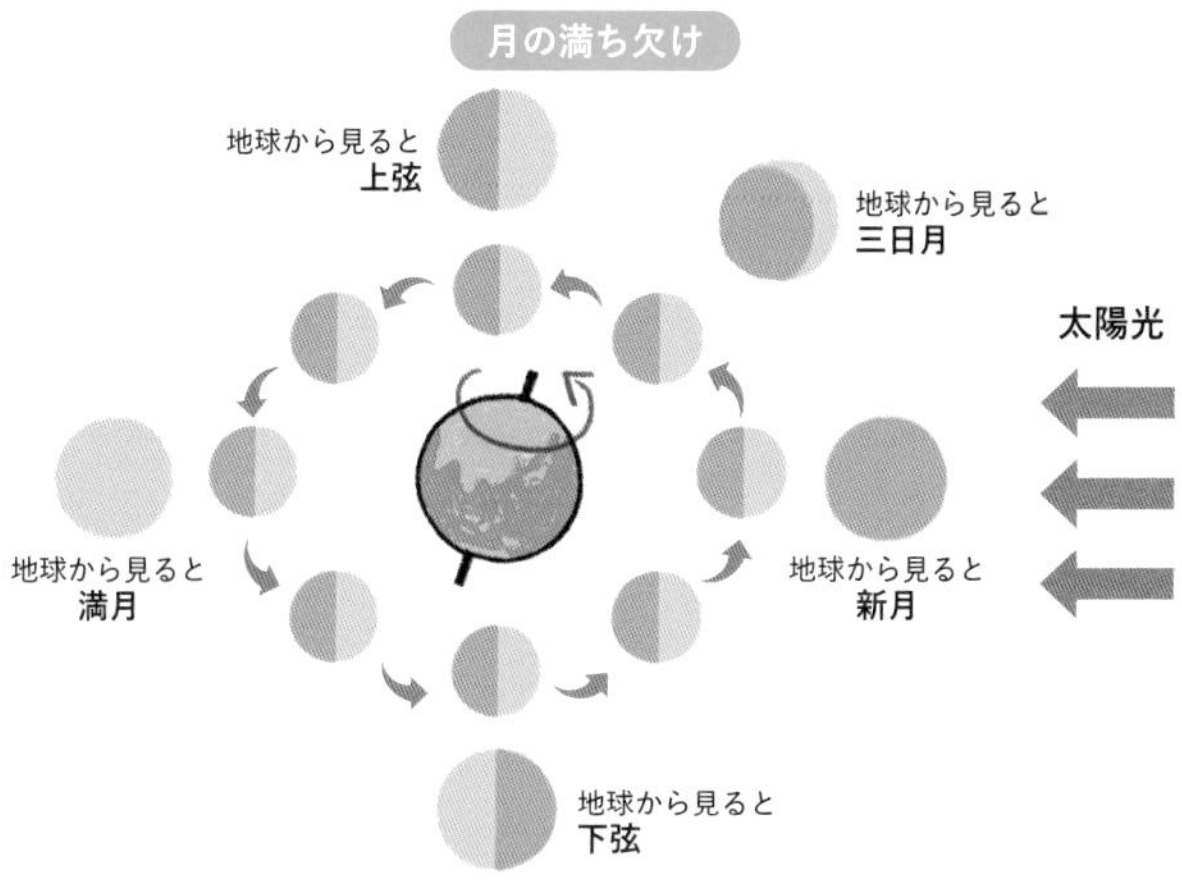

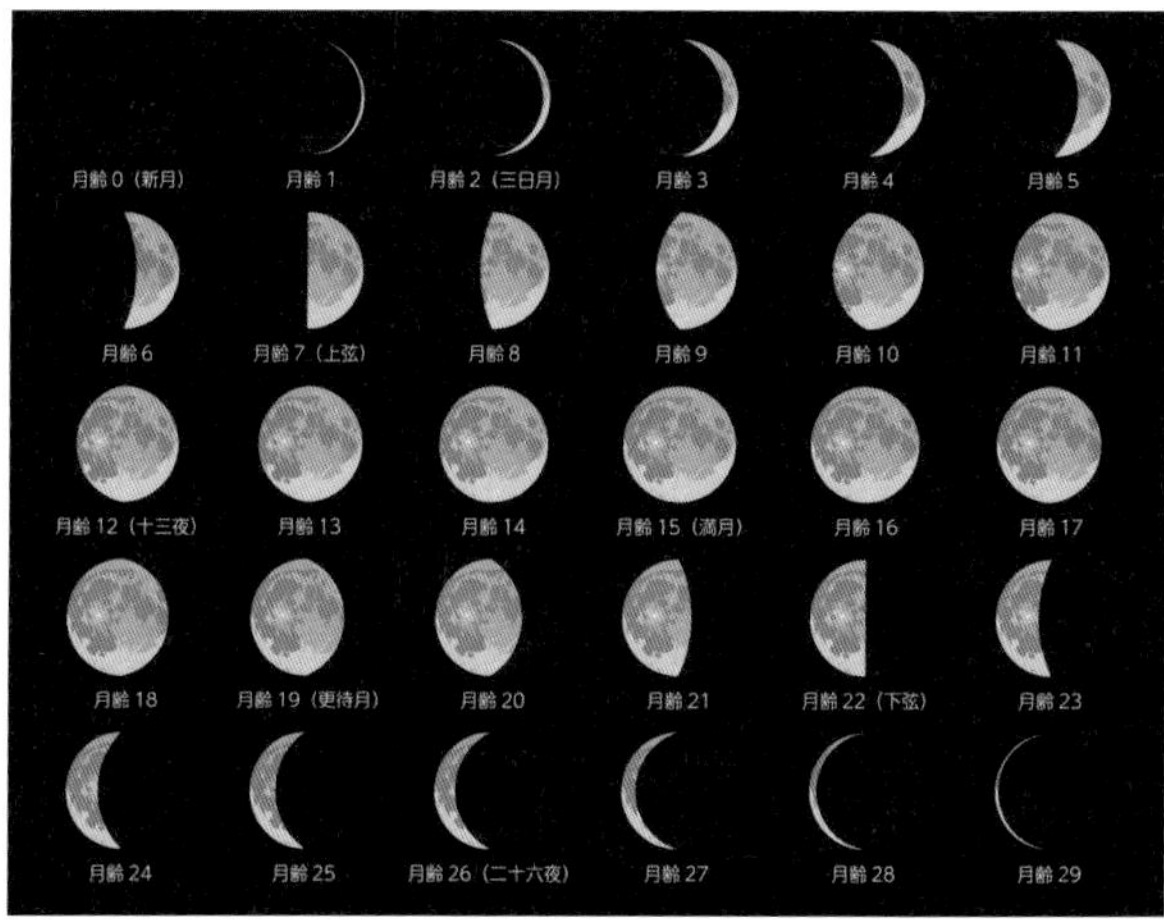

Q なぜ同じ時刻に見える月の位置が日によって違うの？

いつどこからどんな月が上ってくるかは計算できる

A 月は新月から次の新月になるまで29・5日かかります。円の角度360度を29・5で割ると約12度となります。月は1日に約12度東へ動いていきます。つまり地球から月を同じ時刻に見ると1日に約12度東へずれることになります。地球は自転しながら太陽の周りを回っていて、月も自転しながら地球の周りを回っています。そのため同じ位置に見える時刻は1日あたり約50分遅くなります。月の動きや計算方法は難しいですが、地球と月がそれぞれ自転しながら公転しているため、月が見える場所は毎日違ってくるのです。

月と潮の満ち引き

海は1日に2回ずつ海面が高くなったり、低くなったりします。これが潮の満ち引きで、月と太陽の引力が影響しています。地球の月に向いた側とその反対側は月に引っぱられて満ち潮となり、月から直角になる場所は引き潮となります。

満月と新月の時が干満差が一番大きな大潮となる

Qなぜ日食（月食）が起こるの？

太陽全体が月に隠れる皆既日食と月が地球の影に入る月食（右）

A 日食は、太陽の光が月に隠される現象をいいます。地球と月、太陽が一直線上に重なるときに起こります。その条件がそろうのは、年に2回ほどしかありません。太陽と月がぴったりと重なって太陽全部が隠されることを皆既日食、一部分だけ隠れることを部分日食と呼びます。月食は同じように太陽、地球、月が一直線上に重なり、地球の影に月が入ってしまう現象です。この条件がそろうのも1年に1、2回ほどです。日食の場合と同じく、皆既月食や部分月食があります。日食は新月、月食は満月のときに起きます。

豆ちしき

リングになる金環日食

月と地球の距離が少し遠い時に日食が起こると、太陽のふちが月からはみ出してしまいます。まるで金色のリングのように見えることから「金環日食」と呼ばれます。月の公転軌道は少しだ円形なので、月と地球の距離が変わることがあるのです。

金環日食はなかなか見られない

周りに空気がない宇宙船から星を見るとキラキラしていない

Q なぜ星はまたたくの？

A 夜空の星はきらきらとまたたいているように見えますが、星が明るさを変えているわけではありません。そのように見えるのは地球の大気の影響です。地球は地面から約12㎞の高さまで対流圏があり、その上約50㎞までの高さには成層圏があります。その上にも中間圏、熱圏と呼ばれる層があり、高さ約500㎞まで大気の層が広がっています。上空で風が吹くと、空気の密度が変わってくるので、光は曲がったり散らばったりします。星の光がまたたいて見えるのは、地球が大気に覆われているためです。

またたかない星も

自分から光を出す恒星という星は、はるか遠くにあり、光源は小さな点なので大気の影響を受けまたたきます。一方、太陽の光を反射している惑星は地球に近く、光源は面なので、あまりまたたきません。

地球に降り注ぐちりの数は毎日約２兆個ともいわれている

Qなぜ流れ星が見られるの？

A 流れ星とは、宇宙を漂っていたちりが、地球の大気圏に突入したときに高温になって放つ光です。ちりの大きさは１㎜くらいか、それ以下がほとんどです。このちりが地球の大気の分子と衝突し、プラズマと呼ばれる状態になって光ります。毎日たくさんのちりが地球に降り注いでおり、ほとんどのちりは一瞬で光が消えてしまいますが、ちりが大きければ、数秒以上輝くものもあります。長く、明るく輝く流れ星は火球と呼ばれます。大気中で燃え尽きずに地上に落ちてきたものはいん石と呼ばれます。

豆ちしき

ちりはどこからくる？

流れ星となる宇宙のちりは、おもに彗星などから出てくると考えられます。彗星とは太陽の周りを回る太陽系の小さな星ですが、惑星とは違い多くの彗星の軌道はだ円形をしています。軌道をまわる周期は数年から数万年までとさまざまです。

Q 星座はどのくらいあるの?

1等星のデネブ、アルタイル、ベガを結んだ夏の大三角

A 現在、星座は88あります。夜空の星を見て何かの形に似ていると人が考え始めたのは、今から5000年も昔のことだと考えられています。その考えはギリシャではギリシャ神話と結びつきました。しかしその後、世界の国々がそれぞれ別の星座をつくったために星座の数は100を超え把握できなくなりました。また同じような星座が国によっては違う星座となることもあり、混乱した状況になってしまいました。そこで1928年、国際天文学連合という世界中の天文学者が集まる会合で、星座は88と決められました。

宇宙にある星の数は?

地球がある太陽系には衛星を含めて約5000個の星があり、太陽系が入っている銀河系には約2000億個の恒星があるとされます。銀河系のような星の集まりは数千億個もあるので、一桁の数の後ろに0が26個もつく数字となります。

夏の大三角と冬の大三角

いくつもの星をつなぎ合わせて星座ができます。その星の中には明るい星もそれほど明るくない星もあります。すべての星が見えるわけではないこともあり、星座を探すには明るい星を目印にするのが簡単です。なかでも「夏の大三角」と「冬の大三角」は、それ自体は星座ではありませんが、星座を探すいい手がかりになります。

夏の大三角

はくちょう座のデネブ、わし座のアルタイル、こと座のベガの3つの明るい星を結んだ三角形。春から見え始めて、8月上旬の20～22時が観測するのに最適です。このうちベガとアルタイルは、それぞれ七夕の物語に出てくる織姫星と彦星。人工の光の少ない場所で澄んだ夜空なら、ベガ（織姫星）とアルタイル（彦星）の間に天の川が見えます。

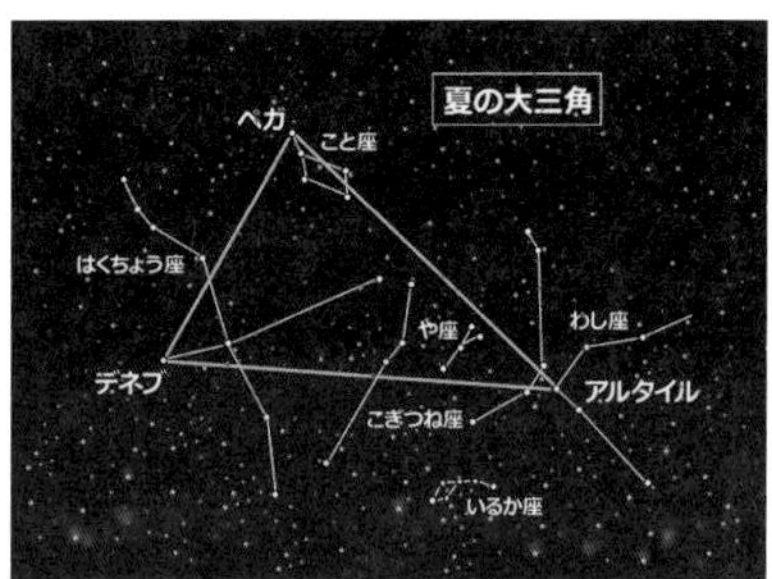

冬の大三角

おおいぬ座のシリウス、こいぬ座のプロキオン、オリオン座のベテルギウスの3つの明るい星で作られます。オリオン座を作る星は明るい星が多く、真ん中にある3つ並んだ星が特徴的で、都会の夜空でも形がよくわかります。このオリオン座の2番目に明るい星がベテルギウスなので、冬の大三角を見つけるのは簡単です。また夏の大三角は細長い三角ですが、冬の大三角はほぼ正三角形なので、夏の大三角より見つけやすいでしょう。

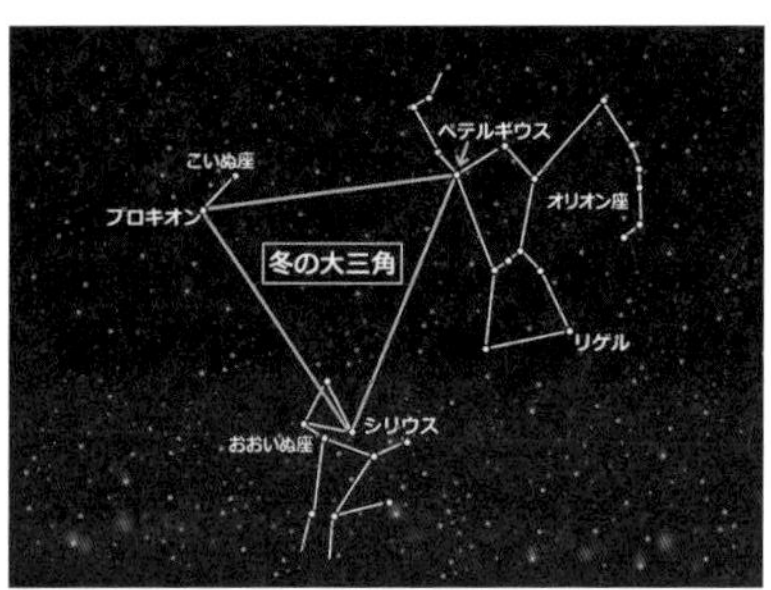

夏の天の川。銀河系の一番星が密集しているところを見ている

Q 天の川って何？

A 太陽とその周りを回る地球などの惑星を含めその全体を太陽系と呼びます。太陽系は、恒星がたくさん集まってできた銀河系と呼ばれる星のかたまりの中にあります。銀河系は真ん中が少しふくらんだ円盤のような形をしています。太陽系は銀河系の中心から約2万8000光年離れた場所にあります。銀河系の直径は10万光年。1光年は光が1年かけて進む距離で、長さにすると約9兆4608億kmです。地球から銀河系の中心の方を見ると、星が密集して見えるところが帯のように見えます。これが天の川です。

季節で違う天の川

銀河系は中心ほど星が多く、明るく見えます。中心は夏の星座のいて座の方向にあるので夏の天の川は明るく見えます。冬は銀河系の外側を見ることになるので、星の数は少なく、天の川は夏に比べると暗く淡いように見えます。

夏と冬で天の川の違いを比べてみよう

ものすごいスピードで地球の周りを回っている人工衛星

Q 人工衛星が見えるってホント？

A 世界初の人工衛星は1957年に旧ソビエトが打ち上げたスプートニクです。日本では、おおすみという人工衛星が1970年に初めて打ち上げられました。現在では6000個ほどの人工衛星が地球の周りを回っています。そのため夜空をよく見ていると意外と簡単に見つかります。人工衛星は流れ星の光に似ていますが、比べるとはるかに長くゆっくり直線的に動いていきます。人工衛星の役割は天気を観測する気象衛星や通信を行う通信衛星などさまざまですが、今では日常生活に欠かせない存在となっています。

豆ちしき

人工衛星の軌道

人工衛星は目的がさまざまなため、軌道もいろいろとあります。放送衛星や気象衛星などは、地球の特定の位置を観測するため、地球の自転にあわせて飛んでいます。これらは静止軌道といいますが高さは約3万6000km です。

肉眼で見えた国際宇宙ステーションの光跡

北極星ポラリスを中心に円を描くように回って見える

Q ずっと動かないように見える星があるってホント?

A 星空は、地球が自転しているために動いて見えます。日本から見ると東の空では右上がりに、西の空では右下がりに移動します。南の空では東から西へ円を描くように動き、北の空では反時計回りに回っています。北の空の中心にあるのが北極星で、北極の上空、地球の地軸の先にあるため動かないように見えます。現在の北極星はこぐま座のしっぽの先にあるポラリスという星です。ただし、回っているコマが首を振るように地球の地軸もゆっくりと振れているため、長い時間が経つと別の星が北極星となります。

北極星の探し方は

北極星のポラリスは太陽の 30 倍の大きさですが、太陽から遠く離れているため、それほど明るくはありません。北極星は北斗七星のひしゃくの先の２つの星を結び、その長さを５倍に伸ばしたあたりに見つかります。

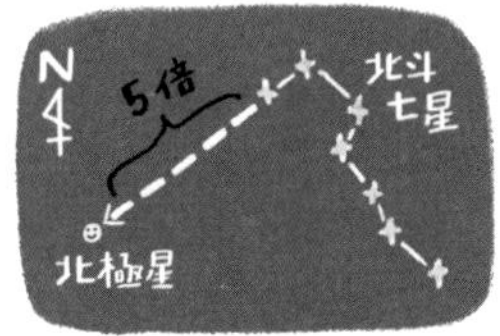

Q なぜ天気は変わるの？

さまざまな要因が複雑に組み合わさって天気が変わる

A 天気の変化には、大気の状態、海や陸の地形、太陽からの光など、さまざまなものが関係します。狭い地域の天気の変化は次の通り。太陽の光で地面や海が暖められて上昇気流ができます。暖められた空気に含まれる水蒸気が水のつぶとなり雲となり、雲は風に流されて移動します。こうして天気は変わります。広域の天気の変化は、日本上空で西から東へ向かって吹く偏西風が影響します。偏西風の中にはジェット気流と呼ばれる強い風があり、高度1万m付近では時速300km以上の速さになります。この風の影響で、日本では西から天気が変わります。

豆ちしき

天気や季節が変わらない場所も

日本は天気が変わり四季もありますが、世界では季節や天気がほとんど変わらない場所もあります。北極や南極などの極地や砂漠などは天気があまり変わりませんし、赤道付近には１年中温暖で季節が変わらないリゾート地などもあります。

天気がほとんど変わらない南極大陸

雲が厚いからといって必ず雨になるとは限らない

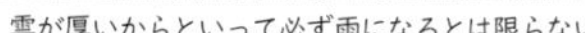

Q なぜ雨が降るの？

A 雨が生まれるのは雲の中です。雲の中では水や氷のつぶができて、これらのつぶがどんどんくっついて、大きくなっていきます。大きくなったつぶは重くなって、空に浮かんでいることができなくなり、地上に落ちてきます。氷のつぶも下に落ちてくると、地上の気温であたためられて水のつぶになります。これが雨です。ただし、すべての雲が雨を降らせるわけではありません。水のつぶの量が少ない雲は雨を降らせることはなく、水のつぶをたくさん含んだ雲が雨を降らせます。

雨の降る量と災害

1時間の雨量はザーザーと降る雨は10〜20㎜、どしゃ降りは20〜30㎜くらい。それ以上になると、がけ崩れや洪水などの災害が起こる危険な状況です。最近は地球温暖化で集中豪雨が多くなっているため注意が必要です。

こんな雲が見えたらゲリラ豪雨に注意

雪のつぶの大きさは気温や湿度によって変わってくる

Qなぜ雪が降るの？

A 雪が降るのは、雨が降るのと同じ仕組みです。地上の気温が低いと、氷のつぶがとけずに雪となります。また氷のつぶは水蒸気を材料にして直接成長し、きれいな結晶にもなります。氷のつぶにさらに雲つぶが合体し始めると、結晶ではなくあられになります。雪の結晶は気温や湿度、降る時期や場所などによって変わります。地上の気温が低いと、雪はさらさらとした粉雪になります。粉雪は直径が2㎜ほどです。地上の気温がそれほど低くないときは、粒が大きなぼたん雪になります。中には数㎝にもなるぼたん雪もあります。

豆ちしき

いろいろな形の雪の結晶

雪の結晶は基本的に六角形ですが、針状のものや柱状のもの、花のようなものなど、いろいろな形があります。雪の結晶の形が多様である理由は、1936年に北海道大学の中谷宇吉郎博士が世界で初めて人工の雪を作り解明しました。

幾何学的な模様が美しい雪の結晶

鯉のぼりが元気に泳ぐ風速は秒速 5m以上

Q なぜ風が吹くの？

A 風は空気の流れです。空気はあたためられるとふくらみ、軽くなって上昇します。冷やされると重くなって下がります。冷たい空気は、あたたかい空気の下に入り込みます。これは、あたたかい部屋のドアを開けると、廊下の冷たい空気が入ってくるのと同じ現象です。地球の上には、空気があたためられている場所（高気圧）と、上昇した空気が空で冷やされて下がっている場所（低気圧）があります。そのため、風はいろいろな場所で吹いています。また地形や気温の差などによって、風の吹き方や強さは変わります。

昼の海風と夜の陸風

陸地はあたたまりやすく冷めやすい性質、海はあたたまりにくく冷めにくい性質があります。昼は太陽に陸地があたためられ空気が上昇し、海から陸へ海風が吹きます。夜は海の方があたたかく、陸から海へ陸風が吹きます。

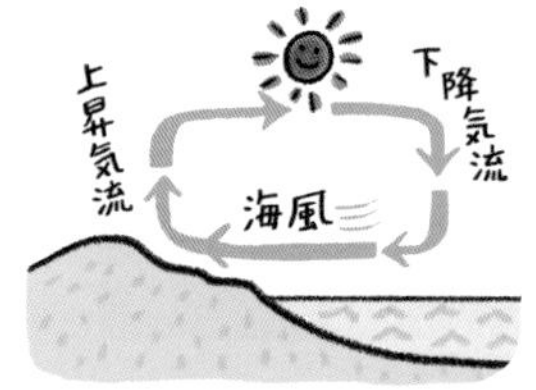

ビルの間を歩くときには強い風に注意しよう

ビルの間に吹く風が強いのはなぜ？

A 風は建物に当たると、建物の横や上を流れたり、はね返されて渦のように吹いたりします。これをビル風と呼びます。建物がひとつだけだと風の流れは単純ですが、いくつもの建物があったり、高いビルがあると、風の流れは複雑になります。ビルとビルの間に吹く風は、それまでの風の通り道が急に狭くなるために強く吹きます。これはホースから水が出ているとき、ホースの先を指でつぶすと勢いよく出るのと同じです。高いビルでは、上空を吹いている風が、ビルに当たって下へ流されることもあります。

風の強さを表す風速

天気予報などで風の強さは風速で表されます。風速は、空気が1秒間に何m動くか、10分間に吹いた風の平均の値(m/s)で示します。傘がさせないような強い風は10～15m/s、木が倒れるほどの暴風は25～30m/sという値です。

風速の目安を表す吹き流し

Q なぜ雷は光って、ゴロゴロ鳴るの？

光と音の両方で恐怖心をあおる雷は昔から怖いものの代表

A 雲は上昇気流に含まれる水蒸気が水や氷のつぶになってできたもの。夏の暑い日などに勢いよく雲ができると、雲の上のほうは気温が低く、氷のつぶがどんどんできていきます。たくさんできた氷のつぶがぶつかり合うと静電気が発生します。雲の中が静電気でいっぱいになると、地表にも電気があるため、それと引き合って溜まった静電気が地上に落ちてきます。これが落雷です。稲妻は雲の中の電気が光ったもので、音を含めたこの現象を雷といいます。雷はものすごいエネルギーで空気を通るため、空気は振動して大きな音となります。

豆ちしき

雷のすごいエネルギー

雷の持つ電気エネルギーは電圧にすると約１億ボルトといわれます。一般の家庭で使う電気の電圧は100ボルトほどです。音もゴロゴロと聞こえるのは離れているときで、間近で鳴るとバリバリッと激しい音が聞こえます。

落雷で裂けてしまった木

ひょうに注意

雷発生の原因となる空気中の氷のつぶはある程度の大きさになると、重みに耐えられず地面に落ちてきます。地上の温度のほうが空の上より高いので、氷のつぶは落ちてくる途中でとけて水になり、雨となって地上に降ることになります。

ところが上昇気流がとても強い場合、地上に落ちる途中で再び氷になり、それを何度も繰り返す間に氷のつぶはどんどん大きくなります。そして地面に落ちるまでにとけずに氷のままのものがあります。これが「ひょう」です。

ひょうの大きさはいろいろ。直径 5mm 以上の氷のつぶを「ひょう」と呼びます。世界最大のひょうは 1917 年に埼玉県の熊谷に降ったもので、直径が約 30cm、重さが約 3.4kg という記録が残っています。

ひょうが一度にたくさん降ると、雪のように積もることもあります。2019 年にメキシコで降ったひょうは、なんと 2m 近く積もり、たくさんの車が氷の中に沈んでしまいました。

ひょうの被害

氷のかたまりが空から落ちてくるのですからとても危険です。ひょうの大きさによっては、ぶつかったら命にかかわることもあります。それ以外にも地上ではいろいろな被害が発生します。

畑や果樹園では、ひょうが当たって葉や実が落ちたり、果実が割れてしまったりすることで大きな被害が発生します。

建物や車にも被害が発生します。屋根に穴が空いたり、屋根瓦が割れたり、車のガラスが割れたり、車体がへこんだりすることがあります。

アジサイの花が鮮やかに見えるのは梅雨のいいところ

Q なぜ梅雨があるの？

A 気温や水分の量など性質が似た空気のまとまりを気団と呼びます。日本は4つの気団に囲まれています。オホーツク海にある冷たいオホーツク海気団、関東の南にある暖かい小笠原気団、ロシアの方にある冷たいシベリア気団、そして赤道地域に発生する高温の赤道気団です。あたたかい気団は暖気団、冷たい気団は寒気団と呼び、両者の境目は前線と呼びます。6月頃になると日本の上空でオホーツク海気団と小笠原気団がぶつかり前線ができます。前線では雨が降りますが、この状態がしばらく続き梅雨となります。

梅雨がない北海道

しばらく動かない前線を停滞前線といいます。梅雨の原因となる停滞前線は梅雨前線と呼ばれます。梅雨前線が北海道に到達する頃には、オホーツク海気団の勢力が弱まり前線が消滅。そのため北海道には梅雨がありません。

北海道の田植えは本州が梅雨の頃

「朝焼けは雨、夕焼けは晴れ」という天気のことわざもある

Q 夕焼けの次の日は晴れるって本当？

A 日本の上空には西から東へと吹く風、偏西風が吹いています。そのため天気は西から変わってきます。夕焼けということは西の空に雲が少ないということなので、次の日は晴れになるわけです。必ず晴れになるとは言い切れませんが、その確率は高くなります。ただし、偏西風が弱くなる夏や季節風が強くなる冬には、西から天気が変わらない場合も多いため、夕焼けだから晴れるとは限りません。季節風とは日本海の対岸の大陸との間で吹く風で、夏は太平洋から大陸へ、冬は大陸から太平洋へ風が吹きます。

地球の風、地方の風

日本では偏西風が吹きますが、赤道付近では東から西へと風が吹きます。これを貿易風と呼びます。日本の地方では山や谷などの地形の影響で、その地方ならではの風が吹く場所があります。これは地方風や局所風と呼ばれます。

神戸の街に吹き付ける「六甲おろし」は代表的な地方風

Q なぜ季節が変わるの？

四季があるからこそいろいろな季節の風景が見られる

A 地球が自転する軸「地軸」は公転面に垂直に立てた線に対して23・4度傾いています。そのため地表への太陽光の当たり方が、地球が傾く向きによって変化していき、季節が生まれます。少し傾いて太陽のまわりを回っているため、北極側が太陽を向いているときは多くの光があたる北半球が夏に、南半球は冬になります。逆に南極側が太陽を向いているときは、南半球が夏になります。それぞれの中間の期間は、春と秋です。この傾きがなければ、一年中太陽からの光の量は変わらず、季節の変化はなくなります。

豆ちしき

日本の四季は珍しい？

日本では春夏秋冬と季節の変化がありますが、はっきりと四季が感じられる国は、世界ではあまり多くないといわれます。雨季や乾季だけの変化しかしない地域や季節がほぼ変わらない地域も、地球にはたくさん存在しています。

南国のリゾートでは季節は雨季と乾季のふたつ

霜柱で畑の作物に被害が発生することがある

Q 霜柱はなぜ立つの？

A 霜柱は地中の水分が凍ってできたものです。そこには毛細管現象が関係しています。毛細管現象とは、細い管や空間を重力とは関係なく液体が移動する現象のこと。水にタオルの先をつけると途中まで水が上がってきますが、これもタオルの繊維のすき間に水が入り込んでくる毛細管現象です。地面の温度が0度以下になると土の表面が凍ります。すると地中の水分が毛細管現象で地面に向かって上がっていき、また凍ります。さらにまた地中から水分が上がり凍ります。これを繰り返すことで霜柱が立ちます。

霜が降りるのは別の現象

霜柱は気温のほかに土がやわらかいなどの条件がありますが、液体の水が固体の氷になる現象です。霜が降りるというのは、空気中の水蒸気が冷やされて氷になり、地面や草木についたもので気体から固体の氷になった現象です。

車のフロントガラスに霜がつくのも同じ

天気に関することわざ

昔から言い伝えられていることわざには科学的根拠に基づいているものもあり、その理由を覚えておくと天気についての知識が身につきます。

きれいな夕焼けを見ると気分も晴れやかになる

夕焼けは晴れ、朝焼けは雨

日本の天気は西から東に変化していきます。夕焼けは太陽が沈む西が晴れているためで、朝焼けは太陽が昇る東が晴れているから。これは高気圧と低気圧が交互にやってくる春と秋にあてはまることわざです。

星がまたたくと雨

星がまたたく理由は、温度によって光の屈折率の違う空気が上空を流れているため。寒暖の空気が接したときに発生する前線が近づいているためで、その後低気圧がやってきて雨になる可能性が高くなります。

ツバメが低く飛ぶと雨

ツバメはえさとなる虫を空中で捕まえます。低気圧が近づいて湿度が高くなると虫も高く飛ばなくなり、それを捕まえるツバメも低いところを飛ぶのです。

トビが高く飛ぶと晴れ

トビは上昇気流に乗って上空を舞っています。高気圧圏内にあって晴れている時は強い上昇気流が発生しているので、トビは高いところまでいくことができます。

日がさ・月がさが出ると雨

太陽や月のまわりに白い光の環ができることがあります。これらを暈（かさ）と呼びます。これは巻層雲（→ P.182）の氷片に光が反射してできる現象です。巻層雲は前線や低気圧が近づく前にできることが多いので雨になる可能性が高くなります。

青空でも日がさは発生するので気がつかないこともある

第6章

さんぽで出合う「身の回り」のなぜ？なに？

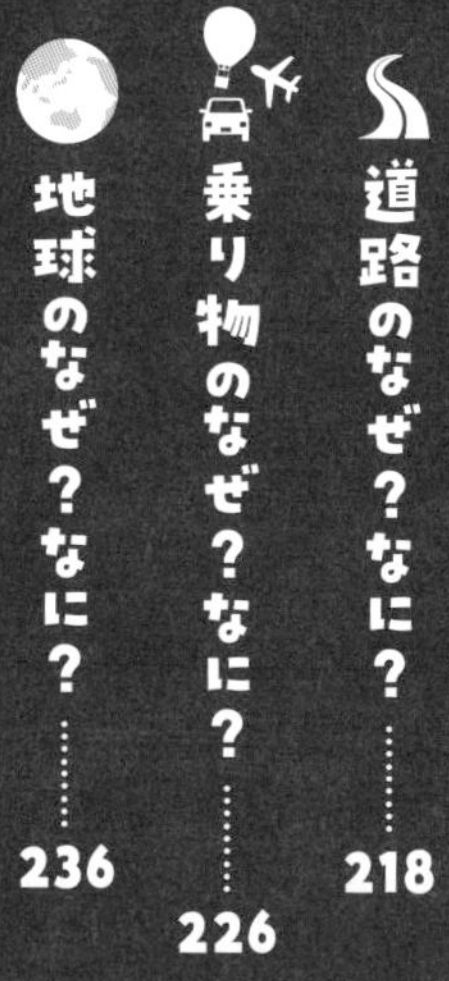

身の回りにある「なぜ？」「なに？」

散歩の途中に見かけるいろいろな物。何気なく通り過ぎてしまうけれど、改めてそれが「なに？」って聞かれると答えられないことが多いのではないでしょうか？　近所にある身近なものから、地球スケールのものまで、数限りない「なぜ？」「なに？」に囲まれて私たちは暮らしています。すべての答えを見つけることはできませんが、興味をもつことから、科学の知識は増えていきます。

家の周りを観察してみましょう

道路を歩いている時に立ち止まって上を見上げてみましょう。電柱があって、電線があって、そのほかいろいろなものが目に入っています。足元にはマンホールがあり、側溝があり、その上を車が通りすぎていきます。私たちの生活にはなくてはならないものですが、それぞれどんな役割があるのかを考えてみたことがあるでしょうか。「なぜ？」「なに？」は世の中の仕組みを知る足がかりになります。

改めて家の周りを見てみると「なぜ？」「なに？」がたくさんみつかる

乗り物を観察してみよう

日常何気なく乗っている車や電車がどうやって動いているか知っていますか？重たい飛行機がなぜ空を飛べるのか考えたことがありますか？巨大な船が沈まない理由がわかりますか？乗り物にもたくさんの「なぜ？」「なに？」があります。車や電車が好きな人なら、もっと多くの「なぜ？」「なに？」の答えを探したくなるでしょう。そして答えが見つかるたびに、対象への興味がさらに深まっていきます。

ドライブがさらに楽しくなるかも

電車に乗るたびに興味が増すようになる

地球の「なぜ？」「なに？」を探してみよう

見慣れている海の風景にも「なぜ？」「なに？」がいっぱい

私たちの周りには海があり、山があり、川が流れています。日本には火山があり、近くには温泉が湧いています。そこにある「なぜ？」「なに？」に注目することは、地球そのものに興味を持つこと。天気に興味を持って雲の流れを眺めるのと同じで、地球環境を知る第一歩になります。環境汚染や地球温暖化といった問題は、個人で簡単に解決できるものではありません。だからといって無関心でいることは、自分たちが暮らしている地球に対して無責任であるといえるでしょう。地球の「なぜ？」「なに？」は、ひとりひとりが未来の地球のことを考えるよいきっかけになるでしょう。

何気ない普段の街並みを改めて見直してみる

川だって知らないことばかり

科学の「なぜ？」「なに？」から広がる世界

「科学」は動物や植物から、人体、そして地球環境まで、自然に属しているあらゆるものを対象としています。知らないことを知ることは、知識の視野が広がるということ。視野が広がると、さらにたくさんのものが見えてきます。そこで新たな「なぜ？」「なに？」が見つかり、さらに世界が広がっていきます。

足元にある「なぜ？」「なに？」から世界が広がっていく

Q 道路にある丸いふたは何？

約40キロもあるマンホールのふた。簡単に開かないように重たい

A それはマンホールのふたです。マンホールとは、地下にある設備を点検するために人が出入りする穴のことです。ふたを開けると人が地下に降りていくことができます。地下にある設備はさまざまです。家の蛇口に水を送る水道管、生活の中で発生する汚水や雨水などの下水を流す管、ガスの配管など、それぞれの用途に分かれて、マンホールはつくられています。日本のマンホールの技術は高く、ふたもぴったりとはまっていて、がたがたと音をたてることはありません。車も通る道路にあるものは、とても頑丈です。

豆ちしき

いろいろなデザインも

日本のマンホールにはユニークなデザインも見られます。ご当地のゆるキャラや観光名所のデザイン、アニメのキャラクターが描かれたマンホールもあります。ガイド本も出ていて、各地のマンホールめぐりを楽しむ人もいます。

温泉地、群馬県草津町のマンホール

この中に電圧を下げる大切な機械が入っている

Q 電柱の上にあるバケツみたいなものは何？

A

電柱は電線を張るために必要な柱です。家に電気を届けるためには、電柱がなければなりません。発電所で作られたばかりの電気は、電圧という電気を流す力がとても強いため、変電所などで少しずつ電圧を下げられながら送られてきます。しかし、家に届けられる直前でも電圧は高いので、もう少し下げる必要があります。電柱の上にあるバケツのような容器の中には電圧を下げる機器が入っています。このバケツは「柱上変圧器」と呼ばれます。変圧器で電圧が下げられた安全な電気が家に送られています。

進む無電柱化計画

日本各地の町では電線を地中に通す無電柱化が進んでいます。電柱がないと町並みがきれいに見えますし、災害のときに倒れて道路をふさぐこともありません。電柱のない町や地域がこれからさらに増えていくのは確実です。

電柱がないので街並みがすっきり

光ファイバーケーブルの敷設工事。電柱から建物まで線を引き込む

道路のなぜなに

Q 電線は何のためにあるの？

A 電線は電気を運ぶ線です。発電所で作られた電気を家やビルに届ける役割を電線は果たしていますが、そのほかの役割を担っている電線もあります。そのひとつが通信用の電線です。電話の通信のほかに、インターネットの通信も含まれます。音声や画像、映像などの情報を送るのが通信用の電線ですが、電気信号を光の信号に変えて送る光ファイバーケーブルも増えています。このケーブルを使うと、これまで以上の情報を多く、速く伝えることが可能となります。そのほか、テレビ用の電線もあります。

電線のトリは感電しない

電線には電気が流れていますがトリが平気でとまっています。実は感電するのは電圧の差が生じたときです。もしトリの羽が電柱に触れると、電柱には電気が流れていない、つまり電圧がゼロのため電圧の差ができ、感電します。

電線にとまっているだけなら感電しない

日本では車は左側通行。歩行者は道路の右側を歩くのが基本

Q なぜ車は左側を走るの？

A 車が左側を走るのは、1960年に作られた法律によります。それ以前の車があまりなかった明治時代や大正時代からも、人力車のような車両は左側を通行していたようです。その理由は諸説あります。武士が体の左側に刀を差していて、右側を歩くと刀のさやがぶつかりけんかになるため左側を歩くようになったともいわれますが定かではありません。大正時代に法律で左側通行となったのは、当時、同盟を結んでいたイギリスのまねをしたためといわれています。ただし、左側通行は世界では少数派です。

豆ちしき

世界の大半は右側通行

左側通行は日本のほかはイギリスや昔イギリスの領土だった国がほとんどで、世界の大半は右側通行です。理由ははっきりしませんが、陸続きの国は右側通行にあわせていき、島国は左側通行をそのまま続けてきたということかもしれません。

フランスのシャンゼリゼ通りも右側通行

道路のなぜなに

Q なぜ雨が降ったのに道路に水たまりができないの?

ちょっと見ただけではわからないが道路の中央部は盛り上がっている

A たいていの舗装道路は雨が降っても水たまりができません。それは道路が平らではないためです。道路はセンターラインの部分が一番高く、そこから左右にわずかに傾いていて、雨水が道路から端に流れるようになっています。道路の端には側溝と呼ばれる雨水を流す溝があります。ただ大雨が降ると側溝はあふれてしまいます。そこで道路のアスファルトも改良され、地面に雨水を通すものが作られたり、アスファルトの下に水を通さない層を作り雨水を左右の側溝に流す方法がとられたりしています。

車いすに優しい歩道

歩道も道路と同じように少し傾いていて、水たまりができないようになっています。ただ斜めなので車いすが進みにくいという問題がありました。そこで国土交通省は歩道の傾きを少しゆるくするように基準を変更しています。

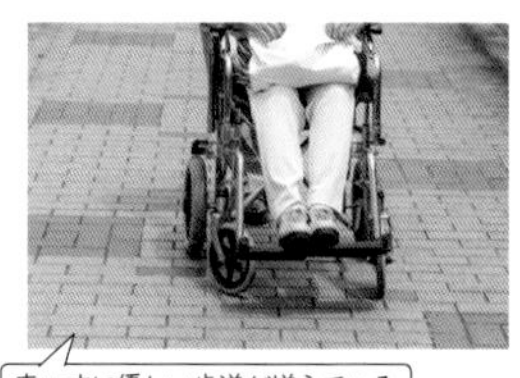
車いすに優しい歩道が増えている

道路に降った雨水はどこへ？

道路に降った雨は側溝から下水管に流れ込みます。下水管は地面に埋められた大きな管で、家庭から出る排水も下水に流れ込みます（雨水と家庭排水は別々の場合もあります）。

下水管は町の地下に網目のように埋められていて、雨水や家庭排水などの汚れた水（これを汚水と呼びます）は、下水管を通って下水処理場まで運ばれます。

下水処理場は汚水をきれいにする施設です。
下水管を通って運ばれてきた汚水は、まず大きなごみや砂が取り除かれ、いくつもの池やタンクを通る間に微生物などの働きできれいになり、最後は川や海に流されます。

きれいになって川に放流された水は、最後は海に流れていきます。

Q なぜ信号は3色なの？

耐久性に優れた LED 式の信号灯機。平均寿命は約 5 万時間

A 信号の色は、国際照明委員会によって赤、黄、緑の3色に決められています。信号の色は世界共通です。世界で初めて現在のような電気式の3色の信号が設置されたのはアメリカのニューヨークでした。信号では停止を示す赤が一番重要なので、日本では赤はドライバーが見やすい右側にあります。ところで、日本では緑信号を青信号と呼びます。日本でも最初は緑信号と呼んだようですが、その後青信号が定着しました。これは、昔から日本語では青が緑のものも指していたためと考えられています。

雪国ではたて型の信号も

日本の信号は右から赤、黄、緑と並ぶよこ型が一般的ですが、雪の多い地方ではたて型の信号も多く見られます。これは信号に雪が積もって重くなり壊れないようにするためです。たて型の信号では赤は一番上に置かれます。

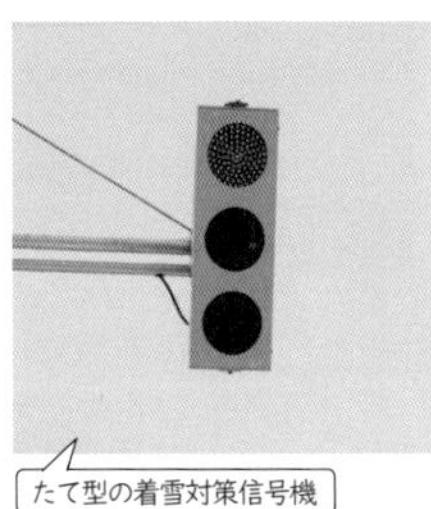

たて型の着雪対策信号機

Qなぜ白いしましまなの？ 横断歩道は

信号機のない横断歩道は歩行者優先。
歩行者がいるときは車は必ず一時停止する

A 横断歩道は、歩行者やドライバーがすぐ気づくように白い色となっています。赤や黄色の方が目立ちそうですが、それだと目障りで運転の妨げになるので白となりました。横断歩道の設置が法律で決まったのは1960年で、その5年後にははしご型のデザインとなり、1992年に両側のたて線2本がなくなり、現在のしましまになりました。これは白い塗料にも厚みがあるため、横断歩道の枠の中に水がたまらないように配慮したものです。塗料を節約するためや、道路の景観をよくするためともいわれます。

最初はたて線２本だけ

初めて法律で横断歩道の設置が決定したとき、デザインは２種類ありました。ひとつはたて線２本だけ、もうひとつははしご型で中央がずれたチェッカー柄でした。現在、学校付近には緑と白のしま模様の横断歩道もあります。

歩行者保護などを理由にしたカラー塗装

Q 車はなぜ動くの？

充電中の電気自動車。全国で充電スタンドの設置が進んでいる

A 今、車はいろいろな種類があります。ガソリンエンジンで動く車は、シリンダーという筒状の部品の中で、ピストンという部品が上下に動いて動力を生み出します。燃料と空気をシリンダーに取り込み、圧縮して爆発させることでシリンダーを動かします。ガソリン車の出す排気ガスは環境問題の原因となるため、最近は電気自動車が増えています。電気自動車は車の中にバッテリーがあり、充電した電気でモーターを回転させて走ります。水素と酸素の化学反応で電気を作る燃料電池自動車という車もあります。

豆ちしき

ハイブリッドカーとは

ハイブリッドとは混成物という意味です。車は発進するときやゆっくり走るときに燃料を多く使いますが、ハイブリッドカーはこのとき電気モーターで走り、そのあとガソリンエンジンを使って排気ガスを少なくしています。

ハイブリッドカーの電気モーター

これからの自動車

自動車を動かすしくみはどんどん変わっています。今はガソリンを燃料とするエンジンを動力にしている車が多いですが、世界ではガソリンエンジンを減らそうという動きになっています。日本でもガソリンエンジンとモーターを組み合わせたハイブリッド車、ガソリンエンジンを使わない電気自動車や燃料電池車なども増えています。

プラグイン・ハイブリッド車のしくみ

ハイブリッド車は異なる動力（エンジンとモーター）を組み合わせた車です。プラグイン・ハイブリッド車は、モーターを動かす電池を外部の電源から充電できる車です。普通のハイブリッド車は外部電源で充電することができません。エンジンを動かすためのガソリンが必要です。

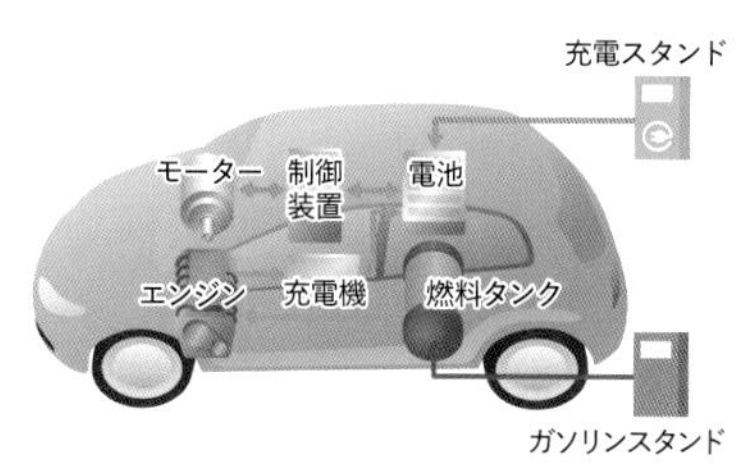

電気自動車のしくみ

動力に電気で動かすモーターを使うのでエンジンはありません。モーターを動かすための電気を外部電源から充電します。

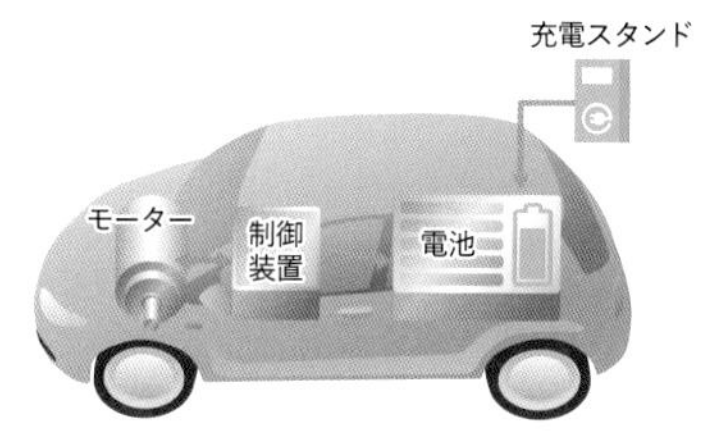

燃料電池車のしくみ

動力は電気自動車と同じモーターですが、モーターを動かす電気を水素と酸素の化学反応から作り出しています。化学反応の素となる水素を補給する必要はありますが、外部電源で充電する必要はありません。

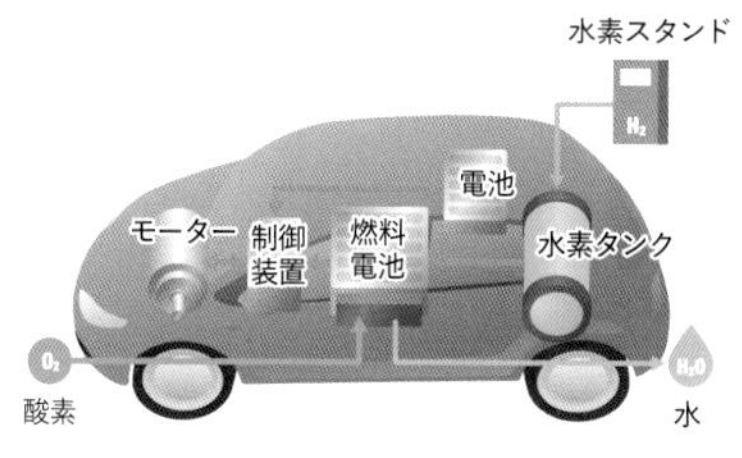

Q 救急車の鳴らす音が、近づくと変になるのなんで？

救急車のサイレンが聞こえたら、速やかに進路を譲ろう

A 音は空気の振動で伝わります。音の振動は波のように伝わります。波の間隔が狭いと音は高くなり、広いと低くなります。救急車のサイレンは救急車が止まっているときは同じに聞こえます。しかし、近づいてくるときは、そのスピードの分だけ波の間隔が狭くなり、音は高く聞こえます。遠ざかっていくときは、今度はスピードの分だけ波の間隔が広くなり、音は低く聞こえます。通り過ぎる瞬間のサイレンは、高い音から低い音に変わるので変に聞こえます。これをドップラー効果といいます。

音の伝わる速さ

音が空気中を伝わる速さは秒速約 340m、時速では約 1200㎞です。音は水の中でも約秒速 1500m で伝わります。鉄の中でも秒速約 5950m の速さで伝わります。ただ温度で速さはかわります。

音より速い戦闘機

自転車に乗る際は頭部を保護するヘルメットを着けよう

Q なぜ自転車は倒れないの？

A 自転車は走っているときは倒れませんが、止まったままだと倒れます。これはコマが回さないと倒れてしまうのに、回ると立っているのと同じです。回転しているものはその姿勢を保とうとします。自転車では乗っている人もバランスをとろうとしています。左に倒れそうになれば、ハンドルを操作して右に姿勢を戻そうとします。右に倒れそうになれば、左に姿勢を戻します。自転車は構造上もバランスがとれるようにつくられています。自転車の用途によって、その構造はいろいろ違っています。

日本独特のママチャリ

自転車にはロードバイクやマウンテンバイクなどいろいろな種類があります。中でもママチャリは日本独特の自転車です。ママチャリは小柄な日本の女性でも乗れる自転車として誕生しました。最近は世界でも注目されています。

乗りやすい形に進化しているママチャリ

Q 電車はなんで動くの？

省エネ性能がより進んだ JR 山手線の新型車両「E235 系」

A 電車は電気で動きます。線路の上に設置されている架線という電線から電気を取り入れています。架線には線路沿いにある変電所から電気が送られています。その電気を電車の屋根の上にあるパンタグラフという装置で取り入れます。電車に取り入れられた電気は、電圧などを調整してモーターに送られ、モーターが車輪を回転させることで電車は動きます。モーターがついている電車は動力車と呼ばれます。ほとんどの電車は何両かあるうち、何台かが動力車でほかはモーターのない車両となっています。

そのほかの鉄道の動力

鉄道の動力は最初は蒸気機関でした。石炭を燃やし水を沸騰させてできた蒸気の圧力で列車を動かします。電車の前は軽油を燃料にしたディーゼルエンジンが使われました。電化されていない地域では今も活躍しています。

電気で走っていないので「電車」ではなく「汽車」

踏切の色は警戒色。スズメバチなどがもつ模様と同様

Q 踏切が黄色と黒なのはなぜ?

A 踏切の色は、JIS規格という国のルールで決められています。黄色と黒のしま模様は、人の注意を引きやすい一番目立つ色で警戒色と呼ばれます。黄色は手前に浮かび上がっているように見え、黒は奥の方にあるように見えます。互いを引き立たせる色が組み合わされると、人は強い印象を受けます。黄色と黒の警戒色は、踏切以外にも工事現場や工場など危険がある場所で使われています。なお、警戒色は場合によって変わります。非常口は緑色ですが、火事の場合は緑の方が目立つためこの色となっています。

豆ちしき

減ってきた踏切

日本民営鉄道協会によると2018年度時点で日本には約3万3000ヵ所の踏切があり、うちJRが約2万ヵ所、JR以外が約1万3000ヵ所となっています。踏切は整備や立体化が進められ、1961年に比べるとその数は約半分になっています。

交通の障害になる踏切がどんどん減っている

Q 線路の下に石があるのはなんで？

線路の下に敷かれたバラスト。世界中の鉄道で使用されている

A 線路の下に敷かれた石はバラストと呼ばれます。線路はまくら木という板に固定されていますが、バラストは線路とまくら木を支えています。地面にかかる電車の重さを分散させる役目をしたり、また振動を吸収して電車の乗り心地をよくしたりしています。地面に伝わる振動も減らしています。電車が走るときの音を吸収して小さくする役割も果たしています。さらに、バラストは採石場で入手しやすいので、線路の建設コストや工期を減らせます。水はけがよく、雑草が生えにくいという利点もあります。

豆ちしき

いろいろ違う線路の幅

まくら木は昔は木を使っていましたが、今はコンクリート製がほとんどです。線路の幅は路線によって違います。JR 在来線や西武鉄道などは1067㎜、都営地下鉄新宿線、東急世田谷線などは 1372㎜、新幹線などは 1435㎜です。

線路幅が同じなら乗り入れできるけど…

Q 飛行機はなぜ飛べるの？

こんな重たいものが空を飛ぶのは人類の技術の結晶

A ジェット機はエンジンで圧縮した空気を燃やし、後方にガスを勢いよく噴き出して進みます。大きな飛行機の場合、飛び立つために時速300kmものスピードで滑走路を走ります。飛行機が飛べるのは翼があるためです。翼の上側は丸みを帯びていて、下側は平面になっています。翼の上下に空気が流れると、上側の方が流れが速くなります。空気が速く流れているところは気圧と呼ばれる空気の圧力が低くなります。物は気圧の低いところへ動く性質があるため、上向きの力が生まれ、飛行機は効率よく飛べます。

豆ちしき

方向と高度の変え方

飛行機の後ろにある小さな翼のようなものは水平尾翼と呼ばれ、機首の上げ下げ、飛行機のたて揺れをおさえたり、高度を変えたりします。機体の上に出ているのは垂直尾翼で、飛行機のよこ揺れを防いだり、左右へ進行する方向を変えます。

飛行機を安定させるのが尾翼の役割

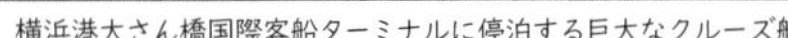
横浜港大さん橋国際客船ターミナルに停泊する巨大なクルーズ船

Q 船はなんで海にうかぶの？

A プールやお風呂に入ると体が軽く感じられます。これは水から上向きの力を受けているためです。水には、物を入れて押しのけた分の水の重さと同じだけ物を押し上げる力が働きます。この力を浮力と呼びます。船は鉄でできていますが、外側だけが鉄で、内側にはすき間があります。船が海の水を押しのけた分だけ浮力が働き、押しのけた水の量の重さより船の方が軽いため船はうかびます。しかし、もし船が内側まで鉄のかたまりでできていたら、押しのけた水の重さより船の方が重いため沈んでしまうでしょう。

船のスクリュープロペラ

多くの船は後ろにあるスクリュープロペラを回して動きます。エンジンの回転を変えて、船を止めたりバックしたりします。船によってはスクリュープロペラの羽の向きを変えることで、前進や停止、後進するものもあります。

2代目南極観測船ふじのスクリュープロペラ

カラフルな熱気球が集まる、佐賀インターナショナルバルーンフェスタ

Q 気球ってなんで飛べるの？

A あたためられた空気は軽くなって上へと動きます。冷たい空気は重くなって下へと移動します。熱気球は気球の中の空気の重さの変化を利用しています。熱気球は大きな風船のようなものの下に、人が乗るかごがついています。かごにはバーナーがあり、炎を出して風船の中の空気をあたためます。このバーナーの威力は家庭用コンロの1000倍以上といわれます。風船の中があたたかい空気でいっぱいになると、熱気球はうかびます。空の上で風船の中の空気が冷えると、熱気球は下がってきます。

豆ちしき

いろいろな気球

気球には熱気球のほかにガス気球があります。ガス気球には空気より軽いヘリウムというガスが入っています。熱気球とガス気球を合わせたロジエ気球という気球もあります。エンジンやプロペラのついた飛行船も気球のひとつです。

熱気球を下から見るとこんな感じ

2016年に起こった熊本地震で地表に現れた断層のずれ

Q なぜ地震は起こるの？

A 地球の表面はプレートと呼ばれる板のような大きな岩で覆われています。プレートは何枚もあり、それぞれ動いています。動き方は1年に数cmほどですが、プレートがぶつかりあう場所では、片方のプレートがもう片方の下へと潜り込んでいます。上のプレートの歪みが戻ろうとするときに起こるのがプレート境界型の地震です。日本は4つのプレートの境目の上にあり、よく地震が発生する世界有数の地震大国です。プレートの動きによって大地にできたひび割れ「断層」が動いて起こる地震もあります。

マグニチュードと震度

地震の震源地から出るエネルギーの大きさはマグニチュード(M)という単位で表します。一方、地震の揺れの大きさは震度という単位で表します。東日本大震災はM9.0で、最大震度は宮城県栗原市で震度7を観測しています。

東日本大震災(2011年)での倒壊家屋

心柱の秘密

世界で一番古い木造建築である法隆寺の五重塔と世界で一番高い電波塔である東京スカイツリーには共通点があります。それは地震に強いこと。日本は世界有数の地震大国ですが、法隆寺の五重塔は、1300年以上の間に、大きな地震に何度もあっていますが、1度も倒れることなく今日も美しい姿を見せてくれています。この五重塔には地震の揺れを吸収して、建物を守る仕掛けがあり、その仕掛けは東京スカイツリーにも使われています。

法隆寺の五重塔（高さ約32m）

東京スカイツリー（高さ634m）

心柱

その仕掛けは心柱（しんばしら）と呼ばれるもの。塔の中心にある長い柱で、塔全体を支える背骨のような役割ではなく、塔内部にある振り子のようなもの。地震で建物全体が揺れると、心柱は少し遅れて揺れます。建物外側の揺れと心柱の揺れにズレがあるため、そのズレがお互いの揺れを打ち消しあって、建物全体の揺れを小さくするのです。

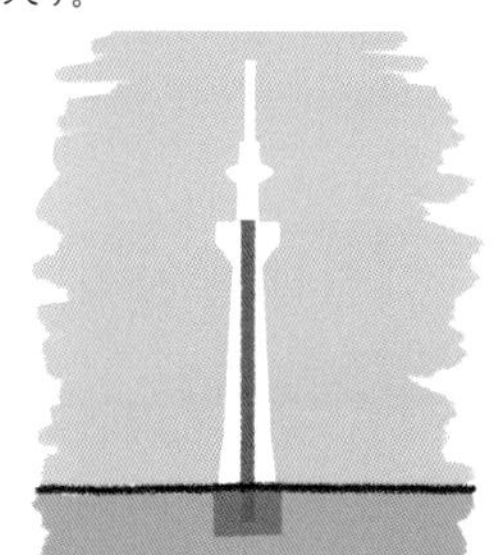

Q なぜ火山があるの?

噴火活動が続く鹿児島の桜島。降灰や落石の被害が発生することも

A 地球表面の一番外側は、地殻と呼ばれる厚さが数十kmの岩石で覆われています。その下にはマントルという熱い岩石のかたまりがあります。プレートは地殻とマントルの一部からできています。マントルからはマグマという熱いドロドロの液体ができ、地殻の上へ上がってきます。マグマが地下数kmにたまっている場所をマグマだまりと呼びますがこの上にある山が火山です。マグマだまりのマグマがあふれて地上に押し出された現象が火山の噴火です。噴火すると山の岩が飛ばされたり、火山灰がまき散らされたりします。

富士山も活火山

過去1万年以内に噴火したり、今も活動している火山を活火山と呼びます。富士山も活火山です。富士山は何度か噴火していて最後の噴火は約300年前の江戸時代です。今後、噴火する可能性は高いので警戒が続いています。

宝永噴火のあとが残る富士山

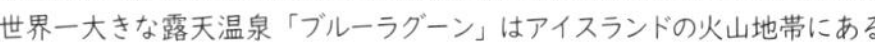
世界一大きな露天温泉「ブルーラグーン」はアイスランドの火山地帯にある

Q なぜ温泉が湧くの？

A

地面の中には、雨などが降ってしみこんだ地下水が流れています。マグマの温度は約１１００度ととても高温です。マグマだまりの近くの地下水は熱いお湯となります。このお湯が地面の割れ目を通って地上に出てくると温泉になります。温泉の中には人が掘り出してできたものもたくさんあります。マグマだまりにはガスなども含まれていて、これが地下水に溶け込むと温泉の成分となります。温泉は、温度が25度以上、または、25度未満でも決められた成分がひとつでも規定量含まれている場合と決められています。

火山の近く以外の温泉も

火山がない、つまりマグマだまりがない場所にも温泉は出ます。地面は 100m 掘るごとに約 3 度温度が上がるので 900m 掘ると 27 度のお湯が出てきます。また 25 度以下でも成分が含まれていればいいため、冷たい温泉もあります。

兵庫県の有馬温泉は火山のない温泉

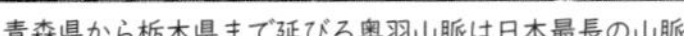
青森県から栃木県まで延びる奥羽山脈は日本最長の山脈

Q 山の形ってなんで違うの？

A

山は大きく2種類に分かれます。ひとつは火山です。火山はマグマの粘り気の違いによって形が変わります。粘り気がないと斜面はゆるやかに、粘り気が強いとお椀をさかさまにしたような形になります。もうひとつは、プレートの動きによってできた山です。プレートどうしがぶつかると、地面が隆起して山になります。このときできた山は、いろいろな岩石からできています。岩石は、長い時間をかけて氷河や雨や風にけずられていきます。川ができて斜面がけずられる場合もあり、山は形を変えていきます。

プレートと山地山脈

日本には山地や山脈がいくつかありますが、その多くはプレートの境界に沿って並んでいます。関東から東北までの山並みは太平洋プレートに沿って続いています。小笠原諸島の島々もフィリピン海プレートに沿っています。

フィリピン海プレートに沿った小笠原諸島の小島

Q 高い山ってどうやってできるの？

地面が盛り上がって世界一の高さになったエベレスト

A 日本で1番高い山は標高3776mの富士山です。富士山は火山で、これまで何度も噴火を繰り返してきました。このとき噴出した溶岩が積み重なり山は高くなりました。世界で1番高い山はヒマラヤ山脈のエベレスト（チョモランマ）です。標高は8848mで、ヒマラヤ山脈には6000mを超える高い山が連なっています。ヒマラヤ山脈は、インド亜大陸が南半球から移動してきてユーラシア大陸に衝突したとき、地面がとても強い力で押され続けたために、それだけの高さに盛り上がったと考えられています。

豆ちしき

日本で2位の山 3位の山

日本で高さが2位や3位の山はあまり知られていないかもしれません。2位は北岳(3193m)で山梨県南アルプス市にあります。3位は奥穂高岳と間ノ岳(3190m)。奥穂高岳は長野県と岐阜県にまたがる穂高岳の主峰で日本三大岩場のひとつです。

日本で標高第2位の北岳

Q 地層ってどうやってできるの？

地面の重なりが何重にもなっている伊豆大島の地層断面

A 地層とは砂や泥、岩などが積み重なってできています。例えば海の底には川から運ばれた土や砂がたまっていきます。長い年月をかけて、下の層は上に積もった土の重みで固められていきます。ふつう、下の層ほど年代は古くなります。地層の重なり方を調べると、当時の自然環境などがわかります。プレートの動きが加わり、長い時間をかけて曲がった地層もあり、しゅう曲と呼ばれます。地震のためにずれた地層もあり、これは断層と呼ばれます。断層にはたてにずれたものやよこにずれたものがあります。

関東ローム層

関東地方には関東ローム層という火山灰が風化して粘土質になった地層が広がっています。ロームとは砂と粘土を含んだ土の性質を示す言葉です。栄養分は少なく稲作には向かないため、関東では長い間畑作が行われていました。

宅地に造られた関東ローム層の畑

世界中の海に生息していたアンモナイトの化石

Q 化石はどうやってできるの？

A 地層には化石が含まれていることがよくあります。例えば動物や植物の死がいが海や湖の底に沈むと、川が運んできた砂や土がその上に積もっていきます。動物の骨や植物の実など硬いところは残り、地層の中で押し固められていくうちに石のようになります。これが化石と呼ばれます。骨などのほかにも、恐竜の足あとや動物の巣穴なども地層の中で固まって、化石となることがあります。海底や湖底の地層が地殻変動で地表に出てくると、水中の生き物の化石だって見つけることができるようになります。

石油も石炭も化石？

石油や石炭は化石燃料と呼ばれます。石油はプランクトンの化石、石炭は植物の化石とされます。どちらも地下深くで高い圧力や熱が加えられることで化石燃料になります。石油や石炭になるにはとても長い時間がかかります。

植物の化石を含んでいる石炭

Q 川ってどこから始まっているの？

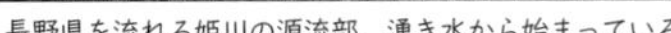
長野県を流れる姫川の源流部。湧き水から始まっている

A 川の始まりはいろいろとあります。湖や池などの水が川となって流れている場合もありますし、土の中にしみこんだ水が地上にわき出して、川となることもあります。これはわき水と呼ばれます。わき水のもととなるのは雨や雪どけ水です。ほんのわずかなわき水も集まると小さな流れとなり、やがて小川となります。川の始まりは、たいていの場合、山の上や中腹です。水の流れができるのは山が斜面になっているためです。川の水は地球の引力によって、高いところから低いところへと流れていきます。

信濃川の始まりは？

日本で1番長い川は信濃川です。信濃川の始まりは、埼玉県、山梨県、長野県の県境にある標高2475mの秩父山地甲武信岳にわき出ている水です。水源の近くまでは遊歩道が整備されていて水源には目印が立っています。

信濃川の源流は美しい湧き水

川の上流には大きくて角張った石や岩が多い

Q 川に大きな石がたくさんあるのなんで？（上流）

A 川の上流では水の量はそれほど多くはなく、川の幅も狭くなっています。川は始まったばかりのところの山の斜面を流れています。たいてい斜面は急で、水の流れは速くなっています。両岸はがけになっているところが多いため、がけ崩れが起こっていることも珍しくありません。そのため、川には大きな岩や石がたくさん見られます。流れが急で水の流れも速いので、川の流れには砂利を運ぶ力はありますが、大きな岩や石を動かすことはなかなかできません。それでも少しずつ大きな石も動かされていきます。

豆ちしき

滝はなくなってしまう？

川の上流には滝が見られることもあります。硬い岩石や地層などがあるとできるのが滝です。滝は少しずつ川の流れの上流に向かって削られていきます。1年で数㎝から1mなど滝により違いますが、滝はいずれなくなってしまいます。

川の浸食により後退している滝

下流の河原には流れてくる間に削られた丸く小さな石が多い

Q 川に小石しかないのはなんで？（下流）

A 上流から流れてきた川は、山から平地へと流れていくと、斜面はゆるやかになるので水の流れはゆっくりになり、川幅も広くなっていきます。川によっては、ほかの川の流れが合わさり、より大きな流れとなります。川には上流から流されてきた石がたくさんありますが、石どうしでぶつかったりしてきて、だんだんと小さく丸い石になっていきます。川の下流に小石や砂などが多いのはそのためです。下流には川が運んできた砂や土でできた広い川原が広がっています。また広い豊かな土地も川はつくり出します。

豆ちしき

川がつくり出す地形

川は周囲の土地をけずったり、土や砂を運んできたりして、いろいろな地形をつくり出しています。川のまわりに階段のような地形が広がる河岸段丘や下流に扇型に土を堆積させる扇状地などがよく知られた川がつくる地形です。

扇状地は川がつくる代表的な地形

地球温暖化で海水の塩分濃度が変化しているという

Q なぜ海の水はしょっぱいのに川の水はしょっぱくないの？

A 海の水を鍋に入れ火にかけると、最後に塩が残ります。海の水がしょっぱいのは塩が含まれているためです。海の水に塩が含まれている理由はいくつか説があり、はっきりしていません。地球ができるときに、大気中の塩素を含んだガスを吸収した雨が降り、海をつくったのではないかという説や、塩が含まれていない雨が川となり、流れる間に少しずつ岩に含まれる塩分を溶かし海へ流れ込んだという説があります。いったん海に流れ込んだ塩分は減らないので、少しずつ海水の塩分量を増やしていきました。

豆ちしき

海の塩分濃度は約3.4%

塩の濃さのことを塩分濃度といいます。海の塩分濃度は約3.4%です。1リットルの海水を煮ると最後に34gの塩が残ります。ただ赤道付近や北極、南極、また川の近くなど海の場所によって塩分濃度にはばらつきがあります。

塩分濃度が高いエジプトの紅海

Q 海にはなぜ波があるの？

波の形も風によってだいぶ変わってくる

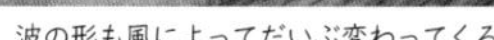

A 海に立つ波のほとんどは、吹く風が原因です。弱い風が吹くと小さな波ができ、風が強くなると波も大きく高くなります。風がもっと強くなり風速が毎秒5ｍくらいになると、波の先がくだけて白くなります。しかし風が吹いていないときでも波は見られます。これは遠い場所で海に風が吹いているためです。波にはとても遠くまで伝わる性質があります。遠いどこかで生まれて伝わってきたゆるやかな波はうねりと呼びます。風以外の原因で起こる波には、潮の満ち引きで起こる波や地震などによる津波があります。

豆ちしき

小さくても危険な津波

津波は海が震源のときによく発生します。津波は20㎝ほどの小さいものでも流れが速く、人を巻き込むため危険です。明治以降で日本最大の津波は、東日本大震災のときに岩手県大船渡市で観測された最大の高さが40.5mのものです。

津波が到達する前に引き波が起こる

風と波の関係

①風速（m/ 秒） ②陸上の様子 ③海上の様子 ④おおよその波の高さ（m）

① 0.3 未満
② 煙はまっすぐ上に上る
③ 鏡のような海面
④ 0

① 1.6 ～ 3.4 未満
② 顔に風を感じる。木の葉が動く
③ 波は小さいが、形がはっきりしてくる
④ 0.1

① 3.4 ～ 5.5 未満
② 木の葉が絶えず動く。軽い旗が開く
③ 波が大きくなり、ところどころ白波が現れてくる
④ 0.6 ～ 1

① 8.0 ～ 10.8 未満
② 葉のある木が揺れ始める
③ 波はさらに長くなり、白波がたくさん現れる
④ 2 ～ 2.5

① 13.9 ～ 17.2 未満
② 木全体が揺れる。風に向かって歩きにくい
③ 波はますます大きくなり、波がしらが砕けてできた白いあわは風下に飛ばされる
④ 4 ～ 5.5

① 24.5 ～ 28.5 未満
② 人家に大きな被害が起こる
③ 海面は全体として白く見え、波がはげしくくずれる
④ 9 ～ 12.5

※ここに記載された値は「ビューフォート風力階級」として定義されています。

Q 消波ブロックってなんのためにあるの？

コンクリート製の消波ブロックはいろいろな形がある

A 海岸は波によって少しずつけずられています。場所によっては激しくけずられていきます。その海岸に道路や大切な建物などがあると守る必要があります。消波ブロックは海岸を波から守るために置かれています。また、港の防波堤などには常に波が当たって大きなしぶきがたつので、その波を消すために消波ブロックは置かれています。消波ブロックは小さいものでも500kg、大きいものでは80トン（80000kg）もあります。4本の脚が出た形が一般的ですが、最近は景観に配慮した形も多くあります。

豆ちしき

テトラポッドとは？

消波ブロックはテトラポッドとも呼ばれますがこの名称は登録商標なので許可なしにほかの会社が使うことはできません。テトラポッドはフランスで生まれ、その後日本の会社が製造特許を得て初めて日本の海岸に設置しました。

いろいろな形の消波ブロックがある

さくいん

あ行

か行

さ行

た行

な行

は行

ま行

や行

ら行

わ行